工伤预防科普丛书

工伤预防
应急救护知识

"工伤预防科普丛书"编委会　编

U0306970

中国劳动社会保障出版社

图书在版编目（CIP）数据

工伤预防应急救护知识/"工伤预防科普丛书"编委会编 . -- 北京：中国劳动社会保障出版社，2021

（工伤预防科普丛书）

ISBN 978-7-5167-4909-8

Ⅰ. ①工… Ⅱ. ①工… Ⅲ. ①工伤事故 – 急救 – 基本知识 Ⅳ. ① X928.04

中国版本图书馆 CIP 数据核字（2021）第 117394 号

中国劳动社会保障出版社出版发行

（北京市惠新东街 1 号 邮政编码：100029）

*

三河市华骏印务包装有限公司印刷装订 新华书店经销

880 毫米 × 1230 毫米 32 开本 5.625 印张 114 千字

2021 年 7 月第 1 版 2021 年 7 月第 1 次印刷

定价：25.00 元

读者服务部电话：（010）64929211/84209101/64921644

营销中心电话：（010）64962347

出版社网址：http://www.class.com.cn

"工伤预防科普丛书"编委会

主　任：陈　刚

副主任：黄卫来　佟瑞鹏

委　员：孙树菡　赵玉军　张　军　李　辉　刘辉霞

　　　　王　梅　郑本巧　任建国　周永安　安　宇

　　　　尘兴邦　杨校毅　杨雪松　范冰倩　孙宁昊

　　　　姚健庭　宫世吉　王思夏　刘兰亭

内容简介

　　在生产劳动过程中，生产安全事故难以避免。从业人员掌握系统的安全知识，具备对不安全因素和事故隐患、突发事故的预防和处理能力，对于预防工伤事故、减少人员伤亡具有十分重要的意义。本书介绍了安全生产事故应急与救护基础知识，使用人单位从业人员能够了解生产劳动过程中可能遇到的各类生产安全事故，掌握最基本的应急处理、避灾与急救知识。

　　本书以问答的形式，列举了工伤预防基础知识、安全生产事故应急管理、现场急救知识及重点行业的意外伤害与应急处置等内容，所选题目典型性、通用性强，内容浅显易懂，版式设计新颖活泼，原创漫画配图直观生动。本书可作为工伤预防主管部门及用人单位开展工伤预防宣传和培训的参考用书，同时作为提高广大职工工伤预防意识和安全生产素质的普及性学习读物。

前　言

　　工伤预防是工伤保险制度体系的重要组成部分。做好工伤预防工作，开展工伤预防宣传和培训，有利于增强用人单位和职工的守法维权意识，从源头上减少工伤事故和职业病的发生，保障职工生命安全和身体健康，减少经济损失，促进社会和谐稳定发展。

　　党和政府历来高度重视工伤预防工作。2009年以来，全国共开展了三次工伤预防试点工作，为推动工伤预防工作奠定了坚实基础。2017年，人力资源社会保障部等四部门印发《工伤预防费使用管理暂行办法》，对工伤预防费的使用和管理作出了具体的规定，使工伤预防工作进入了全面推进时期。2020年，人力资源社会保障部等八部门联合印发《工伤预防五年行动计划（2021—2025年）》（以下简称《五年行动计划》）。《五年行动计划》要求以习近平新时代中国特色社会主义思想为指导，全面贯彻党的十九大和十九届二中、三中、四中、五中全会精神，坚持以人民为中心的发展思想，完善"预防、康复、补偿"三位一体制度体系，把工伤预防作为工伤保险优先事项，通过推进工伤预防工作，提高工伤预防意识，改善工作场所的劳动条件，防范重特大事故的发生，切实降低工伤发生率，促进经济社会持续健康发展。《五年行动计划》同时明确了九项工作任务，其中包括全面加强工伤预防宣传和深入推进工伤预防培训等内容。

结合目前工伤保险发展现状，立足全面加强工伤预防宣传和深入推进工伤预防培训，我们组织编写了"工伤预防科普丛书"。本套丛书目前包括《〈工伤保险条例〉理解与适用》《〈工伤预防五年行动计划（2021—2025年）〉解读》《农民工工伤预防知识》《工伤预防基础知识》《工伤预防职业病防治知识》《工伤预防个体防护知识》《工伤预防应急救护知识》《建筑施工工伤预防知识》《矿山工伤预防知识》《化工危险化学品工伤预防知识》《机械加工工伤预防知识》《尘毒高危企业工伤预防知识》《交通与运输工伤预防知识》《冶金工伤预防知识》《火灾爆炸工伤事故预防知识》《有限空间作业工伤预防知识》《物流快递人员工伤预防知识》《网约工工伤预防知识》《公务员和事业单位工伤预防知识》《工伤事故典型案例》等分册。本套丛书图文并茂、生动活泼，力求以简洁、通俗易懂的文字普及工伤预防最新政策和科学技术知识，不断提升各行业职工群众的工伤预防意识和自我保护意识。

本套丛书在编写过程中，参阅并部分应用了相关资料与著作，在此对有关著作者和专家表示感谢。由于种种原因，图书可能会存在不当或错误之处，敬请广大读者不吝赐教，以便及时纠正。

"工伤预防科普丛书"编委会

2021年3月

目 录

第1章
工伤预防基础知识

1. 为什么要做好工伤预防？

工伤预防是建立健全工伤预防、工伤补偿和工伤康复"三位一体"工伤保险制度体系的重要内容，是指事先防范职业伤亡事故以及职业病的发生，减少事故及职业病的隐患，改善和创造有利于健康的、安全的生产环境和工作条件，保护职工在生产、工作环境中的安全和健康。工伤预防的措施主要包括工程技术措施、教育措施和管理措施。

职工在劳动保护和工伤保险方面的权利与义务是基本一致的。在劳动关系中，获得劳动保护是职工的基本权利，工伤保险是其劳动保护权利的延续。职工有权获得保障其安全和健康的劳动条件，同时也有义务严格遵守安全操作规程，遵章守纪，预防职业伤害发生。

国际上，现代工伤保险制度已经把工伤预防放在优先位置。我国的《工伤保险条例》也把工伤预防定为工伤保险三大任务之一，从而逐步改变了过去重补偿、轻预防的模式。因此，那种"工伤有保险，出事有人赔，只管干活挣钱"的说法，显然是错误的。工伤补偿是发生职业伤害后的救助措施，不能挽回失去的生命和复原残疾的身体。职工只有加强安全生产，才能保障自身的安全；做好工伤预防，才能保障自身的健康。生命安全和身体健康是职工的最大利益，用人单位和职工要永远共同坚持"安全第一、预防为主、综合治理"的方针。

2. 职工工伤保险和工伤预防的权利主要体现在哪些方面？

职工工伤保险和工伤预防的权利主要体现在以下几个方面：

（1）有权获得劳动安全卫生教育和培训，了解所从事的工作可能对身体健康造成的危害和可能发生的不安全事故。从事特种作业要取得特种作业资格，持证上岗。

（2）有权获得保障自身安全、健康的劳动条件和劳动防护用品。

（3）有权对用人单位管理人员违章指挥、强令冒险作业予以拒绝。

（4）有权对危害生命安全和身体健康的行为提出批评、检举和控告。

（5）从事职业危害作业的职工有权获得定期健康检查。

（6）发生工伤时，有权得到抢救治疗。

（7）发生工伤后，职工或其亲属有权向当地社会保险行政部门申请工伤认定和享受工伤保险待遇。

（8）工伤职工有权依法享受有关工伤保险待遇。

（9）工伤职工发生伤残，有权提出劳动能力鉴定申请和再次鉴定申请。自劳动能力鉴定结论作出之日起一年后，工伤职工或者近亲属认为伤残情况发生变化的，可以申请劳动能力复查鉴定。

（10）因工致残尚有工作能力的职工，在就业方面应得到特殊保护。依照法律规定，用人单位对因工致残职工不得解除劳动合同，并应根据不同情况安排适当工作。在建立和发展工伤康复事业的情况下，工伤职工应当得到职业康复培训和再就业帮助。

（11）职工与用人单位发生工伤待遇方面的争议，按照处理劳动争议的有关规定处理；职工对工伤认定结论不服或对经办机构核定的工伤保险待遇有异议的，可以依法申请行政复议，也可以依法向人民法院提起行政诉讼。

3. 遇到违章指挥和强令冒险作业时怎么办？

职工有权拒绝违章指挥和强令冒险作业，这是保护职工生命安全和健康的一项重要权利。

在生产劳动过程中，有时会出现用人单位负责人或者管理人员违章指挥和强令职工冒险作业的情况，由此导致事故，造成人员伤亡。因此，法律赋予职工拒绝违章指挥和强令冒险作业的权利，不仅是为了保护职工的人身安全，也是为了警示用人单位负责人和管理人员必须照章指挥，保障安全。用人单位不得因职工拒绝违章指挥和强令冒险作业而对其进行打击报复。

血的教训

> 一天，在某煤矿开拓区上中班的工人们发现工作面顶板破碎且压力增大，于是立即停止作业，并要求采取有效的架棚措施。但是班长为了赶进度，对此险情却不以为然。工人们虽明知有危险，却屈从于违章指挥，冒险作业。结果，顶板塌落，年仅25岁的工人张某被一块巨石砸倒，经抢救无效死亡。

4. 发现危及人身安全的紧急情况能停止作业和紧急撤离吗？

在生产过程中，自然和人为的危险因素不可避免，经常会在作业时发生危及职工人身安全的危险情况。当遇到危险紧急情况并且无法避免时，最大限度地保护现场人员的生命安全是第一位的，因此法律赋予其享有停止作业和紧急撤离的权利。

相关链接

职工行使停止作业和紧急撤离权利的前提条件，是发现直接危及人身安全的紧急情况，如不撤离会对其生命安全和健康造成直接的威胁。

例如，当建筑施工工地发生物体坍塌、火灾、爆炸等直接危及人身安全的紧急情况时，有关人员应立即停止作业，并视发生情况的严重程度进行恰当处理，在采取可能的应急措施后（如按要求关闭正在操作的电气设备），按逃生路线迅速撤离作业场所。

又如，在矿山井下开采中，出现矿压活动频繁且剧烈、巷道或工作面底板突然鼓起、支架破坏等情况，以及煤（岩）层变软、湿润等瓦斯突出的预兆时，井下作业人员有权停止作业，及时撤离。

5. 职工工伤保险和工伤预防的义务主要有哪些？

权利与义务是对等的，有相应的权利，就有相应的义务。职工在工伤保险和工伤预防方面的义务主要有以下几点：

（1）职工有义务遵守劳动纪律和用人单位规章制度，做好本职工作和被临时指定的工作，服从本单位负责人的工作安排和指挥。

（2）职工在劳动过程中必须严格遵守安全操作规程，正确使用劳动防护用品，接受劳动安全卫生教育和培训，配合用人单位积极预防事故和职业病。

（3）职工或其近亲属报告工伤和申请工伤保险待遇时，有义务如实反映发生事故和职业病的有关情况及工资收入、家庭有关情况；当有关部门调查取证时，应当予以配合。

（4）除紧急情况外，工伤职工应当到工伤保险签订服务协议的医疗机构进行治疗，要接受有关机构对于治疗、康复、评残的安排，并予以配合。

6. 生产作业中，职工为何必须遵章守制与服从管理？

用人单位的安全生产规章制度、安全操作规程是其管理规章制度的重要组成部分。

根据《中华人民共和国安全生产法》及其他有关法律、法规和规章的规定，用人单位必须制定本单位安全生产的规章制度和操作规程。职工必须严格依照这些规章制度和操作规程进行生产经营作业。单位的负责人和管理人员有权依照规章制度和操作规程进行安全管理，监督检查职工遵章守制的情况。依照法律规定，用人单位的职工不服从管理，违反安全生产规章制度和操作规程的，由用人单位给予批评教育，依照有关规章制度给予处分；造成重大事故，构成犯罪的，依照刑法有关规定追究其刑事责任。

7. 为什么职工必须按规定佩戴和使用劳动防护用品？

职工在劳动生产过程中应履行按规定佩戴和使用劳动防护用品的义务。

佩戴和使用劳动防护用品是保障职工人身安全和用人单位安全生产的需要。

按照法律、法规的规定，为保障人身安全，用人单位必须为职工提供必要的、安全的劳动防护用品，以避免或者减轻作业中的人身伤害。但在实践中，一些职工缺乏安全知识，心存侥幸或嫌麻烦，往往不按规定佩戴和使用劳动防护用品，由此引发的人身伤害事故时有发生。另外，有的职工由于不会或者没有正确使用劳动防护用品，同样也难以避免受到人身伤害。因此，正确佩戴和使用劳动防护用品是职工必须履行的法定义务，这是保障职工人身安全和用人单位安全生产的需要。

 血的教训

　　某日下午，某水泥厂包装工在进行倒料作业。包装工王某因脚穿拖鞋，行动不便、重心不稳，左脚踩进螺旋输送机上部10厘米宽的缝隙内，正在运行的机器将其脚和腿绞了进去。王某大声呼救，其他人员见状立即停车并反转盘车，才将王某的脚和腿退出。尽管王某被迅速送到医院救治，仍造成左腿高位截肢。

　　造成这起事故的直接原因是王某未按规定穿工作鞋，而是穿着拖鞋，在凹凸不平的机器上行走，失足踩进机器缝隙。这起事故告诉人们，上班时间职工必须按规定佩戴劳动防护用品，绝不允许穿着拖鞋上岗操作。一旦发现这种违章行为，班组长以及其他职工应该及时纠正。

8. 为什么职工应当接受安全教育和培训?

不同用人单位、不同工作岗位和不同的生产设施设备具有不同的安全技术特性和要求。随着高新技术装备的大量使用,用人单位对职工安全素质的要求越来越高。职工安全意识和安全技能的高低,直接关系用人单位生产活动的安全可靠性。职工需要具备系统的安全知识、熟练的安全技能,以及对不安全因素和事故隐患、突发事故的预防、处理能力和经验。要适应用人单位生产活动的需要,职工必须接受专门的安全教育和业务培训,不断提高自身的安全生产技术知识水平和能力。

9. 发现事故隐患应该怎么办?

职工往往属于事故隐患和不安全因素的第一当事人。许多安全事故正是职工在作业现场发现事故隐患和不安全因素后,没有及时报告,以致延误了采取措施进行紧急处理的时机,最终酿成惨剧。相反,如果职工尽职尽责,及时发现并报告事故隐患和不安全因素,使之得到及时、有效的处理,就完全可以避免事故发生和降低事故损失。所以,发现事故隐患并及时报告是贯彻"安全第一、预防为主、综合治理"方针,加强事前防范的重要措施。

10. 做好工伤预防，要注意杜绝哪些不安全行为？

一般来说，凡是能够或可能导致事故发生的人为失误均属于不安全行为。《企业职工伤亡事故分类》（GB/T 6441—1986）中规定的 13 大类不安全行为如下：

（1）未经许可开动、关停、移动机器；开动、关停机器时未给信号；开关未锁紧，造成意外转动、通电或泄漏等；忘记关闭设备；忽视警告标志、警告信号；按钮、阀门、扳手、把柄等操作错误；奔跑作业；供料或送料速度过快；机器超速运转；违章驾驶机动车；酒后作业；客货混载；冲压机作业时，手伸进冲压模；工件紧固不牢；用压缩空气吹铁屑。

（2）安全装置被拆除，安全装置堵塞，或因调整的错误造成安全装置失效。

（3）临时使用不牢固的设施或无安全装置的设备等。

（4）用手代替手动工具，用手清除切屑，不用夹具固定、用手拿工件进行机加工。

（5）成品、半成品、材料、工具、切屑和生产用品等存放不当。

（6）冒险进入危险场所。

（7）攀、坐不安全位置。

（8）在起吊物下作业、停留。

（9）机器运转时从事加油、修理、检查、调整、焊接、清扫等工作。

（10）分散注意力的行为。

（11）在必须使用劳动防护用品用具的作业或场合中，未按规定使用。

（12）在有旋转零部件的设备旁作业时穿肥大服装，操纵带有旋转零部件的设备时戴手套。

（13）对易燃、易爆等危险物品处理错误。

 血的教训

　　一天，某厂生产一班给矿皮带工张某、和某两人打扫4号给矿皮带附近的场地，清理积矿。张某清扫完非人行道上的积矿后，准备到人行道上帮助和某清扫。张某拿着1.7米长的铁铲，为图方便抄近路，他违章从4号给矿皮带与5号给矿皮带之间穿越（当时，4号给矿皮带正以每秒2米的速度运行，5号给矿皮带已停运）。张某手里拿的铁铲触及4号皮带的增紧轮，铁铲和人一起被卷到了皮带增紧轮上，铁铲的木柄被折成两段弹了出去，张某的头部顶在增紧轮外的支架上。在高速运转的皮带挤压下，张某头骨破裂，当场死亡。

这起事故的直接原因是张某安全意识淡薄，自我保护意识极差，严重违反了皮带操作工安全操作规程中关于"严禁穿越皮带"的规定。据事后调查，张某曾多次违章穿越皮带，属习惯性违章。正是他的违章行为，导致了这次伤亡事故的发生。

这起事故给人们的教训是，用人单位应设置有效的安全防护设施，提高设备的本质安全水平。同时，对职工要加强教育，增强其安全意识，杜绝不安全行为。

11. 做好工伤预防，要注意避免出现哪些不安全心理？

根据大量的工伤事故案例分析，导致职工发生职业伤害的最常见的不安全心理主要有以下几种：

（1）自我表现心理——"虽然我进厂时间短，但我年轻、聪明，干这活儿不在话下……"

（2）经验心理——"多少年一直是这样干的，干了多少遍了，能有什么问题……"

（3）侥幸心理——"完全照操作规程做太麻烦了，变通一下也不一定会出事吧……"

（4）从众心理——"他们都没戴安全帽，我也不戴了……"

（5）逆反心理——"凭什么听班长的呀，今儿我就这么干，我就不信会出事……"

（6）反常心理——"早上孩子肚子疼，自己去了医院，也不知道是什么病，真担心……"

血的教训

一天，某机械厂切割机操作工王某在巡视纵向切割机时发现刀锯与板坯摩擦，有冒烟和燃烧现象，如不及时处理有可能引起火灾。王某当即停掉风机和切割机去排除故障，但没有关闭皮带机电源，皮带机仍然处于运转中。当王某伸手去掏燃着的纤维板屑时，袖口连同右臂突然被皮带机齿轮绞住，直到工友听到王某的呼救声才关闭了皮带机电源。此次事故造成王某右臂伤残。

这起事故的发生与王某存在侥幸麻痹心理有直接的关系。王某以前多次不关闭皮带机就去排除故障，侥幸未造成事故，因而麻痹大意，由此逐渐形成习惯性违章并最终导致惨剧发生。

第2章
现场急救概述

12. 现场急救应遵循哪些基本原则?

现场急救是指针对劳动生产过程中和工作场所发生的各种意外伤害事故、急性中毒、外伤和突发危重伤病员等情况,在没有医务人员时,为了防止伤病情恶化,减少伤病员痛苦和预防休克等所应采取的初步紧急救护措施,又称院前急救。

现场急救总的任务是采取及时有效的急救措施和技术,最大限度地减少伤病员的痛苦,降低致残率,减少死亡率,为医院抢救打好基础。现场急救应遵循的原则如下:

(1)先复后固的原则。遇有心跳、呼吸骤停又有骨折者,应先用口对口人工呼吸和胸外心脏按压等技术使心、肺、脑复苏,直至心跳、呼吸恢复后,再进行骨折固定。

（2）先止血后包扎的原则。遇有大出血又有创口者时，首先立即用指压、止血带或药物等方法止血，接着再消毒，并对创口进行包扎。

（3）先重后轻的原则。遇有垂危的和较轻的伤病员时，应优先抢救危重者，后抢救较轻的伤病员。

（4）先救后运的原则。发现伤病员时，应先救后送。在送伤病员到医院途中，不要停止抢救，继续观察病、伤变化，少颠簸，注意保暖，平安抵达最近医院。

（5）急救与呼救并重的原则。在遇有成批伤病员且现场还有其他参与急救的人员时，要紧张而镇定地分工合作，急救和呼救可同时进行，以较快地争取救援。

（6）搬运与急救一致性的原则。在运送危重伤病员时，应与急救工作步骤一致，争取时间，在途中应继续进行抢救工作，减少伤病员不应有的痛苦和死亡，安全到达目的地。

 专家提示

（1）避免直接接触伤病员的体液。

（2）使用防护手套，并用防水胶布贴住自己损伤的皮肤。

（3）急救前和急救后都要洗手。眼、口、鼻或者任何皮肤损伤处一旦溅有伤病员的血液，应尽快用肥皂水清洗，并去医院。

（4）进行口对口人工呼吸时，尽量使用人工呼吸面罩。

13. 如何对现场伤员进行分类？

灾害发生后，伤员数量大，伤情复杂，危重伤员多。急救和后运常出现尖锐的四大矛盾：急救技术力量不足与伤员需要抢救的矛盾；急救物资短缺与需要量的矛盾；重伤员与轻伤员都需要急救的矛盾；轻、重伤员都需后运的矛盾。解决这些矛盾的办法就是对伤员进行分类。伤员分类是现场急救工作的重要组成部分，做好伤员分类工作，可以保证充分地发挥人力、物力的作用，使需要急救的轻、重伤员各取所需，使急救和运送工作有条不紊地进行。

现场伤员分类的重要意义集中在一个目标，即提高其效率。将现场有限的人力、物力和时间，用在抢救有存活希望者的身上，提高伤、病员的存活率，降低死亡率。

（1）现场伤员分类的要求如下：

1）分类工作是在特别困难和紧急的情况下，一边抢救一边分类的。

2）分类应由经过训练、经验丰富、有组织能力的技术人员承担。

3）分类应依先危后重、后轻再小（伤势小）的原则进行。

4）分类应快速、准确、无误。

（2）现场伤员分类是以决定优先急救对象为前提的，主要根据伤情来判定。

1）呼吸是否停止。用看、听、感来判定。

看：通过观察胸廓的起伏，或用棉花、羽毛贴在伤员的鼻翼上，看是否摆动。如吸气胸廓上提、呼气下降，或棉花、羽毛有摆动，即呼吸未停。反之，即呼吸已停。

听：侧头用耳尽量接近伤病员的鼻部，去听是否有气体交换。

感：在听的同时，用脸感觉有无气流呼出。如果听到有气体交换或感觉有气流呼出，说明尚有呼吸。

2）脉搏是否停止。用触、看、摸、量来检查。

触：触桡动脉有无脉搏跳动，感受其强弱。

看：头部、胸腹、脊柱、四肢，是否有内脏损伤、大出血、骨折等，都是重点判定项目。

摸：摸颈动脉有无搏动及其强弱。

量：量收缩压是否小于 12 千帕（90 毫米汞柱）。

判定一位伤员只能在 1~2 分钟内完成。通过以上方法对伤员简单地分类，便于采取有针对性的急救方法。

14. 现场急救区如何划分？

通常，现场伤员急救的标记有以下四类：

第 I 急救区（红色）：病伤严重，危及生命者。

第 II 急救区（黄色）：严重但不会马上危及生命者。

第 III 急救区（绿色）：受伤较轻，可行走者。

第 IV 急救区（黑色）：需要后运者。

分类卡包括不同的颜色，由急救系统统一印制。背面有简要的病情说明，随伤员携带。此卡常被挂在伤员衣服的左胸部。如果没有现成的分类卡，可临时用硬纸片自制。

现场处有大批伤员时，应划分以下 4 个区，以便有条不紊地进行急救：

收容区：伤员集中区，在此区挂上分类标签，进行必要的紧急复苏等抢救工作。

急救区：用以接受第 I 优先和第 II 优先者，在此做进一步抢救工作，如对休克、呼吸与心跳骤停者进行生命复苏。

后送区：这个区内接受能自己行走或伤情较轻的伤员。

太平区：停放已死亡者。

15. 现场急救的基本步骤是什么？

当各种意外事故和急性中毒发生后，参与生产现场救护的人员要沉着、冷静，切忌惊慌失措。时间就是生命，应尽快对中毒或受伤病人进行认真仔细的检查，确定病情。检查内容包括意识、呼吸、脉搏、血压、瞳孔是否正常，有无出血、休克、外伤、烧伤，是否伴有其他损伤等。

　　总体来说，事故现场急救应按照紧急呼救、判断伤情和救护三大步骤进行。

　　（1）紧急呼救。当事故发生，发现了危重伤员，经过现场评估和病情判断后需要立即救护，同时立即向救护医疗服务系统或附近担负院外急救任务的医疗部门、社区卫生单位报告，常用的急救电话为"120"。由急救机构立即派出专业救护人员、救护车至现场抢救。但在呼救中有一些需要注意的问题，将在下面的问题中讲述。

　　（2）判断伤情。在现场巡视后对伤员进行最初评估。发现伤员，尤其是处在情况复杂的现场，救护人员需要首先确认并立即处理威胁生命的情况，检查伤员的意识、气道、呼吸、循环体征等。

　　（3）救护。灾害事故现场一般都很混乱，组织指挥特别重要，应快速组成临时现场救护小组，统一指挥，加强灾害事故现场一线救护，这是保证抢救成功的关键措施之一。

灾害事故发生后，避免慌乱，尽可能缩短伤后至抢救的时间，强调提高基本治疗技术是做好灾害事故现场救护的最重要的问题。善于应用现有的先进科技手段，体现"立体救护、快速反应"的救护原则，提高救护的成功率。

现场救护原则是先救命后治伤，先重伤后轻伤，先抢后救，抢中有救，尽快脱离事故现场，先分类再运送，医务人员以救为主，其他人员以抢为主，各负其责，相互配合，以免延误抢救时机。现场救护人员应注意自身防护。

16. 在事故现场如何进行紧急呼救？

紧急呼救主要有以下三方面：

（1）救护启动。救护启动称为呼救系统开始。呼救系统的畅通，在国际上被列为抢救危重伤员"生命链"中的"第一环"。有效的呼救系统对保障危重伤员获得及时救治至关重要。

应用无线电和电话呼救。通常在急救中心配备有经过专门训练的话务员，能够对呼救做出迅速适当的应答，并能把电话接到合适的急救机构。城市呼救网络系统的"通信指挥中心"，应当接收所有的医疗（包括灾难等意外伤害事故）急救电话，根据伤员所处的位置和病情，指定就近的急救站去救护伤员。这样可以大大节省时间，提高效率，便于伤员救护和转运。

（2）呼救电话须知。紧急事故发生时，须报警呼救，最常使用的是呼救电话。使用呼救电话时必须用最精练、准确、清楚的语言说明伤员目前的情况及严重程度，伤员的人数及存在的危险，以及需要何类急救。如果不清楚身处位置的话，不要惊慌，因为救护医疗服务系统（EMS）控制室可以通过全球卫星定位系统追踪正在拨打电话的正确位置。

一般应简要清楚地说明以下几点：

1）你的（报告人）电话号码与姓名，伤员姓名、性别、年龄和联系电话。

2）伤员所在的确切地点，尽可能指出附近街道的交汇处或其他显著标志。

3）伤员目前最危重的情况，如晕倒、呼吸困难、大出血等。

4）发生灾害事故、突发事件时，说明伤害性质、严重程度、伤员的人数。

5）现场所采取的救护措施。注意，不要先放下话筒，要等救护医疗服务系统调度人员先挂断电话。

（3）单人及多人呼救。在专业急救人员尚未到达时，如果有多人在现场，一名救护人员留在伤员身边开展救护，其他人通知医疗急救机构。发生意外伤害事故，要分配好救护人员各自的工作，分秒必争、有序地实施伤员的寻找、脱险、医疗救护工作。

在伤员心跳骤停的情况下，为挽救生命，抓住"救命的黄金时刻"，可立即进行心肺复苏，然后迅速拨打电话。如有手机在身，则进行1~2分钟心肺复苏后，在抢救间隙打电话。

对于任何年龄的外伤或呼吸暂停伤员，拨打电话呼救前接受1分钟的心肺复苏是非常必要的。

17. 在事故现场如何对伤员的伤情进行评估判断?

伤员的意识、气道、呼吸、循环体征、瞳孔反应的表象是判断伤势轻重的重要标志。

（1）意识。先判断伤员神志是否清醒。在呼唤、轻拍、推动时，伤员会睁眼或有肢体运动等其他反应，表明伤员有意识。如果伤员对上述刺激无反应，则表明意识丧失，已陷入危重状态。伤员突然倒地，然后呼之不应，多为严重情况。

（2）气道。呼吸的必要条件是保持气道畅通。如果伤员有反应但不能说话、不能咳嗽、憋气，可能存在气道梗阻，必须立即检查和清除。例如，可使伤员处于侧卧位，清除其口腔异物等。

（3）呼吸。正常人每分钟呼吸 12~18 次；危重伤员呼吸变快、变浅乃至不规则，呈叹息状。在气道畅通后，对无反应的伤员进行呼吸检查，如伤员呼吸停止，应保持气道通畅，立即施行人工呼吸。

（4）循环体征。在检查伤员意识、气道、呼吸之后，应对伤员的循环体征进行检查。

可以通过检查循环的体征如呼吸、咳嗽、运动、皮肤颜色、脉搏情况来进行判断。

成人正常心跳每分钟60~80次。

呼吸停止，心跳随之停止；或者心跳停止，呼吸也随之停止。

心跳、呼吸几乎同时停止也是常见的。

心跳在手腕处的桡动脉、颈部的颈动脉较易触到。

心律失常，以及严重的创伤或大失血时，心跳或加快，超过每分钟100次；或减慢，每分钟40~50次；或不规则，忽快忽慢，忽强忽弱，以上均为心脏呼救的信号，都应引起重视。

如果伤员面色苍白或青紫，口唇、指甲发绀，皮肤发冷等，可以知道皮肤循环和氧代谢情况不佳。

（5）瞳孔反应。眼睛的瞳孔又称"瞳仁"，位于黑眼球中央。正常时双眼的瞳孔是等大圆形的，遇到强光能迅速缩小，很快又回到原状。用手电筒突然照射一下瞳孔即可观察到瞳孔的反应。当伤员脑部受伤、脑出血、严重药物中毒时，瞳孔可能缩小为针尖大小，也可能扩大到黑眼球边缘，对光线不起反应或反应迟钝。有时因为出现脑水肿或脑疝，双眼瞳孔会一大一小。瞳孔的变化表示脑病变的严重性。

当完成现场评估后，再对伤员的头部、颈部、胸部、腹部、盆腔和脊柱、四肢进行检查，看有无开放性损伤、骨折畸形、触痛、肿胀等体征，以有助于对伤员的病情判断。

还要注意伤员的总体情况，如表情淡漠不语、冷汗口渴、呼吸急促、肢体不能活动等现象为病情危重的表现；对外伤伤员应观察神志不清程度、呼吸次数和强弱、脉搏次数和强弱；注意检查有无活动性出血，如有，立即止血。严重的胸腹部损伤容易引起休克、昏迷甚至死亡。

18. 灾害事故发生后，如何进行现场救护？

"第一目击者"及所有救护人员应牢记对垂危伤员实施现场救护的首要目的是"救命"。

（1）采取正确的救护体位。对于意识不清者，取仰卧位或侧卧位，便于复苏操作及评估复苏效果，在可能的情况下，翻转为仰卧位（心肺复苏体位）时应放在坚硬的平面上，救护人员需要在检查后，进行心肺复苏。

若伤员没有意识但有呼吸和脉搏，为了防止呼吸道被舌或唾液及呕吐物阻塞引起窒息，伤员应采用侧卧位（复原卧式位），便于唾液等从口中引流。体位应保持稳定，易于伤员翻转到其他体位，保持利于观察和通畅的气道；超过 30 分钟，翻转伤员到另一侧。

注意不要随意移动伤员，以免造成伤害。不要用力拖动、拉起伤员，不要搬动和摇动已确定有头部或颈部外伤者等。有颈部外伤者在翻身时，为防止颈椎再次损伤引起截瘫，另一人应保持伤员头、颈部与身体在同一轴线翻转，做好头、颈部的固定。

（2）打开气道。伤员呼吸、心跳停止后，全身肌肉松弛，口腔内的舌肌也松弛下坠，易阻塞呼吸道。采用开放气道的方法，可使阻塞呼吸道的舌根上提，使呼吸道畅通。

用最短的时间，先将伤员衣领口、领带、围巾等解开，戴上手套迅速清除伤员口鼻内的污泥、土块、痰、呕吐物等异物，以利于呼吸道畅通，再将气道打开。

（3）人工呼吸：

1）判断呼吸。检查呼吸，救护人员将伤员气道打开，利用眼看、耳听、皮肤感觉的方法在 5 秒时间内判断伤员有无呼吸。

侧头用耳听伤员口鼻的呼吸声（一听），用眼看胸部或上腹部随呼吸而上下起伏（二看），用面颊感觉呼吸气流（三感觉）。如果胸廓没有起伏，并且没有气体呼出，伤员即不存在呼吸，这一评估过程应不超过 10 秒。

2）人工呼吸。经检查后，救护人员判断伤员呼吸停止，应在现场立即给予口对口（口对鼻、口对口鼻）、口对呼吸面罩等人工呼吸救护措施。

（4）胸外心脏按压。判断心跳（脉搏）有无搏动，应选大动脉。触摸颈动脉，应在 5~10 秒内迅速地判断伤员有无心跳。

1）颈动脉。将一只手的食指和中指置于颈中部（甲状软骨）中线，手指从颈中线滑向甲状软骨和胸锁乳突肌之间的凹陷，稍加力度触摸颈动脉的搏动。

2）肱动脉。肱动脉位于上臂内侧、肘和肩之间，稍加力度检查是否有搏动。

3）检查颈动脉不可用力压迫，避免刺激颈动脉窦使得迷走神经兴奋反射性地引起心跳停止，并且不可同时触摸双侧颈动脉，以防阻断脑部血液供应。

救护人员判断伤员已无脉搏搏动，或在危急中不能判明心跳是否停止，脉搏也摸不清，不要反复检查耽误时间，而要在现场进行胸外心脏按压等人工循环及时救护。

（5）紧急止血。救护人员要注意检查伤员有无严重出血的伤口，如有出血，要立即采取止血救护措施，避免因大出血造成休克而死亡。

（6）局部检查。对于同一伤员，第一步应处理危及生命的全身症状，再注意处理局部。要从头部、颈部、胸部、腹部、背部、骨盆、四肢各部位进行检查，检查出血的部位和程度、骨折部位和程度、渗血、脏器脱出和皮肤感觉丧失等。

首批进入现场的医务人员应对灾害事故伤员及时做出分类，做好运送前医疗处置，指定运送，救护人员可协助运送，使伤员在最短时间内能获得必要治疗。而且在运送途中要保证对危重伤员进行不间断的抢救。

对危重灾害事故伤员，应尽快送往医院救治；对某些特殊事故伤害的伤员，应送专科医院。

19. 如何进行现场紧急心肺复苏？

在生产现场对伤员进行心肺复苏非常重要。据报道，5 分钟内开始院外急救实施心肺复苏，8 分钟内进一步生命支持，存活率最高可达 43%。复苏（生命支持）每延迟 1 分钟，存活率下降 3%；

除颤每延迟 1 分钟，存活率下降 4%。心肺复苏就是简称的 CPR（cardiopulmonary resuscitation），即当呼吸终止及心跳停顿时，合并使用人工呼吸及胸外心脏按压来进行急救的一种技术。

实施心肺复苏时，首先应判断伤员呼吸、心跳，一旦判定呼吸、心跳停止，立即捶击心前区（胸骨下部）并祛除病因，采取以下 3 个步骤进行心肺复苏。

（1）开放气道。用最短的时间，先将伤员衣领口、领带、围巾等解开，戴上手套迅速清除伤员口鼻内的污泥、土块、痰、呕吐物等异物，以利于呼吸道畅通，再将气道打开。

1）仰头举颏法，操作时应注意以下几点：

①救护人员用一只手的小鱼际部位置于伤员的前额并稍加用力使头后仰，另一只手的食指、中指置于下颏将下颌骨上提。

②救护人员手指不要深压颏下软组织，以免阻塞气道。

2）仰头抬颈法，操作时应注意以下几点：

①救护人员将一只手的小鱼际部位放在伤员前额，向下稍加用力使头后仰，另一只手置于颈部并将颈部上托。

②无颈部外伤可用此法。

3）双下颌上提法，操作时应注意以下几点：

①救护人员双手手指放在伤员下颌角，向上或向后方提起下颌。

②头保持正中位，不能使头后仰，不可左右扭动。

③此法适用于怀疑颈椎外伤的伤员。

4）手钩异物法，操作时应注意以下几点：

①如伤员无意识，救护人员用一只手的拇指和其他四指，握住伤员舌和下颌后，掰开伤员嘴并上提下颌。

②救护人员另一只手的食指沿伤员口内插入。

③用钩取动作，抠出固体异物。

（2）口对口人工呼吸。口对口人工呼吸的主要步骤如下：

1）救护人员将压前额手的拇、食指捏闭伤员的鼻孔，另一只手托下颌。

2）将伤员的口张开，救护人员做深呼吸，用口紧贴并包住伤员口部吹气。

3）看伤员胸部，胸部起伏方为有效。

4）脱离伤员口部，放松捏鼻孔的拇、食指，看胸廓复原情况。

5）感觉伤员口鼻部是否有气呼出。

6）连续吹气两次，使伤员肺部充分换气。

a) 口对口人工呼吸　　　　　　　　b) 看胸部起伏

（3）心脏复苏。判定心跳是否停止，摸伤员的颈动脉有无搏动，如无搏动，立即进行胸外心脏按压。实施心肺复苏的主要步骤如下：

1）用一只手的掌根按在伤员胸骨中下 1/3 段交界处。

2）另一只手压在该手的手背上，双手手指均应翘起，不能平压在胸壁。

3）双肘关节伸直。

4）利用体重和肩臂力量垂直向下挤压。

5）使胸骨下陷 4 厘米。

6）略停顿后在原位放松。

7）手掌根不能离开心脏定位点。

8）连续进行 15 次心脏按压。

9）口对口吹气两次后按压心脏 15 次，如此反复。

a) 确定胸骨下切迹

b) 胸外心脏按压

20. 实施心肺复苏时需注意什么问题？

（1）进行人工呼吸时的注意事项如下：

1）人工呼吸一定要在气道开放的情况下进行。

2）向伤员肺内吹气不能太急太多，仅需胸廓隆起即可。吹气量不能过大，以免引起胃扩张。

3）吹气时间以占一次呼吸周期的 1/3 为宜。

（2）心脏复苏的注意事项如下：

1）防止并发症。复苏并发症有急性胃扩张、肋骨或胸骨骨折、肋骨软骨分离、气胸、血胸、肺损伤、肝破裂、冠状动脉刺破（心脏内注射时）、心包压塞、胃内返流物误吸或吸入性肺炎等，故要求判断准确、监测严密、处理及时、操作正规。

2）心脏按压与放松时间比例和按压频率。过去认为按压时间占每一按压和放松周期的 1/3，放松占 2/3。试验研究证明，当心脏按压及放松时间各占 1/2 时，心脏射血最多，获最大血流动力学效应；而且按压频率由 60~80 次 / 分增加到 80~100 次 / 分时，可使血压短期上升 60~70 毫米汞柱，有利于心脏复跳。

3）心脏按压用力要均匀，不可过猛。按压和放松所需时间相等。

①每次按压后必须完全解除压力，使胸部回到正常位置。

②心脏按压节律、频率不可忽快、忽慢，保持正确的按压位置。

③心脏按压时，观察伤员反应及面色的改变。

21. 心肺复苏有效有哪些表现？

对于神志不清的伤员，观察其脑活动的主要指标有 5 个方面：瞳孔变化、睫毛反射、挣扎表现、肌肉张力和自主呼吸，这些都是脑活动最起码的征象。如果有一项指标较好，就可表明有充分氧气的血流正流向大脑，并保护脑组织免予损伤。心肺复苏效果主要看以下5个方面：

（1）颈动脉搏动。心脏按压有效时，可随每次按压触及一次颈动脉搏动，测血压为40毫米汞柱/60毫米汞柱以上，提示心脏按压方法正确。若停止心脏按压，脉搏仍然搏动，说明伤员自主心跳已恢复。

（2）面色转红润。复苏有效时伤员面色、口唇、皮肤颜色由苍白或紫绀好转或变红润。

（3）意识渐恢复。复苏有效时，伤员昏迷变浅，眼球活动，出现挣扎，或给予强刺激后出现保护性反射活动，甚至手足开始活动，肌张力增强。

（4）出现自主呼吸。应注意观察，有时很微弱的自主呼吸不足以满足肌体供氧需要，如果不进行人工呼吸，则很快又停止呼吸。

（5）瞳孔变小。复苏有效时，扩大的瞳孔变小，并出现对光反射。

 专家提示

在复苏时必须经常观察瞳孔，瞳孔缩小是治疗有效的最有价值而又十分灵敏的征象。如果扩大的瞳孔通过复苏仍不缩小，通常说明复苏无效。如果复苏明显延误则也可能为脑损害所致，但这种脑损害并非一定是永久的。瞳孔逐渐增大经常遇到，特别是复苏过久，这并不意味着治疗无效或脑损害不可避免，如果瞳孔未最大限度扩大或仍有脑活动的其他征象存在时更是这样。不过，如果瞳孔扩大发展迅速而又极为显著，则说明情况较严重。扩大的瞳孔在心跳恢复后很快缩小，说明无严重脑损害发生。

出现挣扎也是最有效复苏的一个征象，它说明脑已受到充分保护。以下几种方法可处理挣扎：一种方法是用安定5~10毫升静脉注射，使伤员镇静。安定可消除睫毛反射，但不影响其他脑活动的体征。另一种方法是间断使用小剂量硫喷妥钠。虽然这种肌肉松弛剂也能消除挣扎，并便于气管插管操作，但是使用这类药物后就可能只留下瞳孔这一项脑活动征象，此征象可靠性较差。

22. 常用的现场骨折固定技术有哪些？

骨折是人们在生产、生活中常见的损伤。为了避免骨折的断端对血管、神经、肌肉及皮肤等组织的损伤，减轻伤员的痛苦，以及便于搬动与转运伤员，凡发生骨折或怀疑有骨折的伤员，均必须在现场立即采取骨折临时固定措施。常用的骨折固定方法如下：

（1）肱骨（上臂）骨折固定法。

1）夹板固定法：将两块夹板分别放在上臂内外两侧（如果只有一块夹板，则放在上臂外侧），用绷带或三角巾等将上下两端固定。肘关节屈曲90°，前臂用小悬臂带悬吊。

肱骨（上臂）骨折固定法

脊柱骨折固定法

尺、挠骨（前臂）骨折固定法

头颅部骨折物种固定呈现的结果

股骨（大腿）骨折固定法

2）无夹板固定法：将三角巾折叠成10~15厘米宽的条带，其中央正对骨折处，将上臂固定在躯干上，于对侧腋下打结。屈肘90°，再用小悬臂带将前臂悬吊于胸前。

（2）尺、挠骨（前臂）骨折固定法。

1）夹板固定法：将两块长度超过肘关节至手心的夹板分别放在前臂的内外两侧（如果只有一块夹板，则放在前臂外侧）并在手心放好衬垫，让伤员握好，以使腕关节稍向背屈，再固定夹板上下两端。屈肘90°，用大悬臂带悬吊，手略高于肘。

2）无夹板固定法：使用大悬臂带、三角巾固定。用大悬臂带将骨折的前臂悬吊于胸前，手略高于肘。再用一条三角巾将上臂带一起固定于胸部，在健侧腋下打结。

（3）股骨（大腿）骨折固定法。

1）夹板固定法：伤员仰卧，伤腿伸直。用两块夹板（内侧夹板长度为上至大腿根部，下过足跟；外侧夹板长度为上至腋窝，下过足跟）分别放在伤腿内外两侧（如果只有一块夹板，则放在伤腿外侧），并将健肢靠近伤肢，使双下肢并列，两足对齐。关节处及空隙部位均放置衬垫，用 5~7 条三角巾或布带先将骨折部位的上下两端固定，然后分别固定腋下、腰部、膝、踝等处。足部用三角巾 "8" 字固定，使足部与小腿成直角。

2）无夹板固定法：伤员仰卧，伤腿伸直，健肢靠近伤肢，双下肢并列，两足对齐。在关节处与空隙部位之间放置衬垫，用 5~7 条三角巾或布条将两腿固定在一起（先固定骨折部位的上、下两端）。足部用三角巾 "8" 字固定，使足部与小腿成直角。

（4）脊柱骨折固定法。不得轻易搬动伤员。严禁一人抱头、另一个人抬脚等不协调的动作。如果伤员为俯卧位，可用 "工" 字夹板固定，将两横板压住竖板分别横放于两肩上及腰部，在脊柱的凹凸部位放置衬垫，先用三角巾或布带固定两肩，再固定腰骶部。现场处理原则：背部受到剧烈的外伤，有颈、胸、腰椎骨折者，绝不能试图扶着让伤员做一些活动，以 "判断" 有无损伤。一定要就地固定。

（5）头颅部骨折固定法。头颅部骨折，主要是保持局部的安定，在检查、搬动、转运等过程中，力求头颅部不受到新的外界影响而加重局部损伤。具体做法：伤员静卧，头部可稍垫高，头颅部两侧放两个较大硬实的枕头或沙袋等物将其固定住，以免搬动、转运时局部晃动。

专家提示

（1）如果为开放性骨折，必须先止血，再包扎，最后再进行骨折固定，此顺序绝不可颠倒。

（2）下肢或脊柱骨折，应就地固定，尽量不要移动伤员。

（3）四肢骨折固定时，应先固定骨折的近端，后固定骨折的远端。如果固定顺序相反，可导致骨折再度移位。夹板必须扶托整个伤肢，骨折上下两端的关节均必须固定住。绷带、三角巾不要绑扎在骨折处。

（4）夹板等固定材料不能与皮肤直接接触，要用棉垫、衣物等柔软物垫好，尤其骨凸部位及夹板两端更要垫好。

（5）固定四肢骨折时应露出指（趾）端，以随时观察血液循环情况，如有苍白、紫绀、发冷、麻木等表现，应立即松开重新固定，以免造成肢体缺血、坏死。

23. 现场止血方法有哪些？

外伤出血分为内出血和外出血。内出血主要到医院救治，外出血是现场急救的重点。理论上将出血分为动脉出血、静脉出血、毛细血管出血。动脉出血时，血色鲜红，有搏动、量多、速度快；静脉出血时，血色暗红，缓慢流出；毛细血管出血时，血色鲜红，慢慢渗出。若当时能鉴别出血类型，对选择止血方法有重要价值，但有时受现场光线等条件的限制，往往难以区分。

现场止血法常用的有 5 种，使用时可根据具体情况选其中的一种，也可以把几种止血法结合在一起应用，以达到最快、最有效、最安全的止血目的。

（1）指压动脉止血法。该法适用于头部和四肢某些部位的大出血。具体方法为用手指压迫伤口近心端动脉，将动脉压向深部的骨头，阻断血液流通。这是一种不需要任何器械、简便、有效的止血方法，但因为止血时间短暂，常需要与其他方法结合进行。

1）头面部指压动脉止血法：

①指压颞浅动脉，适用于一侧头顶、额部、颞部的外伤大出血。在伤侧耳前，用一只手的拇指对准下颌关节压迫颞浅动脉，另一只手固定伤员头部。

②指压面动脉，适用于面部外伤大出血。用一只手的拇指和食指或拇指和中指分别压迫双侧下颌角前约 1 厘米的凹陷处，阻断面动脉血流。因为面动脉在面部有许多小支相互吻合，所以必须压迫双侧。

③指压耳后动脉，适用于一侧耳后外伤大出血。用一只手的拇指压迫伤侧耳后乳突下凹陷处，阻断耳后动脉血流，另一只手固定伤员头部。

④指压枕动脉，适用于一侧头后枕骨附近外伤大出血。用一只手的四指压迫耳后与枕骨粗隆之间的凹陷处，阻断枕动脉的血流，另一只手固定伤员头部。

2·) 四肢指压动脉止血法：

①指压肱动脉，适用于一侧肘关节以下部位的外伤大出血。

用一只手的拇指压迫上臂中段内侧，阻断肱动脉血流，另一只手固定伤员手臂。

②指压桡、尺动脉，适用于手部大出血。分别压迫伤侧手腕两侧的桡动脉和尺动脉，阻断血流。因为桡动脉和尺动脉在手掌部有广泛吻合支，所以必须同时压迫双侧。

③指压指（趾）动脉，适用于手指（脚趾）大出血。用拇指和食指分别压迫手指（脚趾）两侧的（趾）动脉，阻断血流。

④指压股动脉，适用于一侧下肢的大出血。用两手的拇指用

力压迫伤肢腹股沟中点稍下方的股动脉，阻断股动脉血流。伤员应该处于坐位或卧位。

⑤指压胫前、后动脉，适用于一侧脚的大出血。用两手的拇指和食指分别压迫伤脚足背中部搏动的腔前动脉及足跟与内踝之间的胫后动脉。

（2）直接压迫止血法。该法适用于较小伤口的出血。用无菌纱布直接压迫伤口处，压迫约 10 分钟。

（3）加压包扎止血法。该法适用于各种伤口，是一种比较可靠的非手术止血法。先用无菌纱布覆盖压迫伤口，再用三角巾或绷带用力包扎，包扎范围应该比伤口稍大。这是目前最常用的一种止血方法，在没有无菌纱布时，可使用消毒卫生巾或餐巾等代替。

（4）填塞止血法。该法适用于较大而深的伤口。用镊子夹住无菌纱布塞入伤口内。如果一块纱布小，止不住出血，可再加纱布，最后用绷带或三角巾绕至对侧根部包扎固定。

（5）止血带止血法。止血带止血法只适用于四肢大出血，其他止血法不能止血的情况。止血带有橡皮止血带（橡皮条和橡皮带）、布制止血带和气性止血带（如血压计袖带），其操作方法各不相同。

1）橡皮止血带止血法。左手在离带端约 10 厘米处由拇指、食指和中指紧握，使手背向下放在扎止血带的部位，右手持带中段绕伤肢一圈半，然后把带塞入左手的食指与中指之间，左手的食指与中指紧夹一段止血带向下牵拉，使之钩成一个活结，外观呈 A 字形。

2）布制止血带止血法。将三角巾折成带状或将其他布带绕伤肢一圈，打个蝴蝶结；取一根小棒穿在布带圈内，提起小棒拉紧，将小棒依顺时针方向绞紧，将小棒一端插入蝴蝶结环内，最后拉紧活结并与另一头打结固定。

3）气性止血带止血法。常使用血压计袖带，操作方法比较简单，只要把袖带绕在扎止血带的部位，然后打气至伤口停止出血。

4）使用止血带的注意事项如下：

①部位。上臂外伤大出血应扎在上臂上 1/3 处。前臂或手大出血应扎在上臂下处，不能扎在上臂的中 1/3 处，因该处神经走行贴近肱骨，易被损伤。下肢外伤大出血应扎在股骨中下 1/3 交界处。

②衬垫。使用止血带的部位应该有衬垫，否则会损伤皮肤。止血带可扎在衣服外面，把衣服当衬垫。

③松紧度。应以出血停止、远端摸不到脉搏为合适。过松达不到止血目的，过紧会损伤组织。

④时间。一般应不超过 5 小时，原则上每小时要放松 1 次，放松时间为 1~2 分钟。

⑤标记。使用止血带者应有明显标记贴在前额或胸前易发现部位，写明时间。如立即送往医院，可以不写标记。

 专家提示

血液是维持生命的重要物质，成年人的血容量约占体重的 8%，即 4 000~5 000 毫升。当出血量为总血量的 20% 时，会出现头晕、脉搏增快、血压下降、出冷汗、肤色苍白、少尿等症；当出血量占总血量的 40% 时，就有生命危险。出血伤员的急救，只要稍拖延几分钟就会危及生命。

24. 用绷带如何对伤口进行包扎?

包扎的目的是保护伤口、减少污染、固定敷料和帮助止血。常用绷带和三角巾进行包扎。无论何种包扎法，均要求达到包好后固定不移动和松紧适度，并尽量注意无菌操作。

绷带法有环形包扎法、螺旋及螺旋反折包扎法、"8"字形包扎法和头顶双绷带包扎法等。包扎时要掌握好"三点一走行"，即绷带的起点、止血、着力点（多在伤处）和走行方向的顺序，确保既牢固又不能太紧。先在创口覆盖无菌纱布，然后从伤口低处向上，左右缠绕。包扎伤臂或伤腿时，要尽量设法暴露手指尖或脚趾尖，以便观察血液循环。绷带用于胸、腹、臀、会阴等部位效果不好，容易滑脱，所以绷带包扎一般用于四肢和头部伤。

（1）环形包扎法。绷带卷放在需要包扎位置稍上方，第一圈做稍斜缠绕，第二、三圈做环行缠绕，并将第一圈斜出的绷带带角压于环行圈内，然后重复缠绕，最后在绷带尾端撕开打结固定或用别针、胶布将尾部固定。

（2）螺旋形包扎法。先环行包扎数圈，然后将绷带渐渐地斜旋上升缠绕，每圈盖过前圈的 1/3 至 2/3，呈螺旋状。

（3）螺旋反折包扎法。先做两圈环行固定，再做螺旋形包扎，待到渐粗处，一手拇指按住绷带上面，另一手将绷带自此点反折向下，此时绷带上缘变成下缘。后圈覆盖前圈 1/3 至 2/3。此法主要用于粗细不等的四肢如前臂、小腿或大腿等。

（4）头顶双绷带包扎法。将两条绷带连在一起，打结处包在头后部，分别经耳上向前于额部中央交叉。第一条绷带经头顶到枕部，第二条绷带反折绕回到枕部，并压住第一条绷带。第一条绷带再从枕部经头顶到额部，第二条则从枕部绕到额部，又将第一条压住。如此来回缠绕，形成帽状。

（5）"8"字形包扎法。该法适用于四肢各关节处的包扎。于关节上、下将绷带一圈向上、一圈向下做"8"字形来回缠绕，如锁骨骨折的包扎。目前已经有专门的锁骨固定带可直接应用。

 专家提示

（1）伤口上要加盖敷料，不要在伤口上用弹力绷带。

（2）不要将绷带缠绕过紧，经常检查肢体血液循环情况。

（3）有绷带过紧的体征（手、足的甲床发紫；绷带缠绕肢体远心端皮肤发紫，有麻感或感觉消失；严重者手指、足指不能活动）时，应立即松开绷带，重新缠绕。

（4）不要将绷带缠绕手指、足指末端，除非有损伤。

25. 用三角巾如何对伤口进行包扎?

三角巾制作简单、方便，分为普通三角巾和带形、燕尾式三角巾，包扎时操作简捷，且几乎能适应全身各个部位。目前军用的急救包体积小（仅一块普通肥皂大小）、能防水，其内包括一块无菌普通三角巾和加厚的无菌敷料，使用十分方便，建议推广使用。

普通三角巾

带式、燕尾式三角巾

（1）头面部三角巾包扎法。

1）三角巾风帽式包扎法。该法适用于包扎头顶部和两侧面、枕部的外伤。先将消毒纱布覆盖在伤口上，将三角巾顶角打结放固定。如为背部受伤，包扎方向相同，只要在前、后面交换位置即可。若为锁骨骨折，则用两条带形三角巾分别包绕两个肩关节，在后背打结固定，再将三角巾的底角向背后拉紧，在两肩过度后张的情况下，在背部打结。

（3）上肢三角巾包扎法。先将三角巾平铺于伤员胸前，顶角对着肘关节稍外侧，与肘部平行，屈曲伤肢，并压住三角巾，然后将三角巾下端提起，两端绕到颈后打结。顶角反折用别针扣住。

（4）肩部三角巾包扎法。先将三角巾放在伤侧肩上，顶角朝下，两底角拉至对侧腋下打结，然后一手持三角巾底边中点，另一手持顶角，将三角巾提起拉紧，再将三角巾底边中点由前向下、向肩后包绕，最后顶角与三角巾底边中点于腋窝处打结固定。

（5）腋窝三角巾包扎法。先在伤侧腋窝下垫上消毒纱布，带巾中间压住敷料，并将带巾两端向上提，于肩部交叉，并经胸背

在前额正中，在底边的中点打结放在枕部，然后两手拉住两底角将下颌包住并交叉，再绕到颈后的枕部打结。

2）三角巾帽式包扎法。先用无菌纱布覆盖伤口，然后把三角巾底边的正中点放在伤员眉间上部，顶角经头顶拉到脑后枕部，再将两底角在枕部交叉返回到额部中央打结，最后拉紧顶角并反折塞在枕部交叉处。

3）三角巾面具式包扎法。该法适用于颜面部较大范围的伤口，如面部烧伤或较广泛的软组织伤。方法是把三角巾一折为二，顶角打结放在头顶正中，两手拉住底角罩住面部，然后两底角拉向枕部交叉，最后在下巴颏部打结。在眼、鼻和口处提起三角巾，剪成小孔。

4）单眼三角巾包扎法。将三角巾折成带状，其上 1/3 处盖住伤眼，下 2/3 从耳下端绕经枕部向健侧耳上额部并压上上端带巾，再绕经伤侧耳上、枕部至健侧耳上与带巾另一端在健耳上打结固定。

5）双眼三角巾包扎法。将无菌纱布覆盖在伤眼上，用带形三角巾从头后部拉向前从眼部交叉，再绕向枕下部打结固定。

6）下颌、耳部、前额或颞部小范围伤口三角巾包扎法。先将无菌纱布覆盖在伤部，将带形三角巾放在下颌处，两手持带形三角巾两底角经双耳分别向上提，长的一端绕头顶与短的一端在颞部交叉，然后将短端经枕部、对侧耳上至颞侧与长端打结固定。

（2）胸背部三角巾包扎法。三角巾底边向下，绕过胸部以后在背后打结，其顶角放在伤侧肩上，系带穿过三角巾底边并打结部斜向对侧腋下打结。

（6）下腹及会阴部三角巾包扎法。将三角巾底边包绕腰部打结，顶角兜住会阴部在臀部打结固定。或将两条三角巾顶角打结，连接结放在伤员腰部正中，上面两端围腰打结，下面两端分别缠绕两大腿根部并与相对底边打结。

（7）残肢三角巾包扎法。先用无菌纱布包裹残肢，将三角巾铺平，残肢放在三角巾上，使其对着顶角，并将顶角反折覆盖残肢，再将三角巾底角交叉，绕肢打结。

26. 如何对伤员进行搬运？

搬运伤员的方法是院外急救的重要技术之一。搬运的目的是使伤员迅速脱离危险地带，纠正当时影响伤员的病态体位，减少痛苦，避免再受伤害，将伤员安全迅速地送往理想的医院治疗，以免造成伤员残疾。搬运伤员的方法，应根据当地、当时的器材和人力而选定。

（1）徒手搬运，具体方法如下：

1）单人搬运法。该法适用于伤势比较轻的伤员，采取背、抱或扶持等方法。

a) 背　　　　　　　　b) 抱　　　　　　　　c) 扶持

2）双人搬运法。一人搬托双下肢，一人搬托腰部。在不影响病伤的情况下，还可用椅式、轿式和拉车式。

a) 轿式　　　　　　b) 椅式　　　　　　c) 拉车式

3）三人搬运法。对疑有胸、腰椎骨折的伤员，应由三人配合搬运。一人托住肩胛部，一人托住臀部和腰部，另一人托住两下肢，三人同时把伤员轻轻抬放到硬板担架上。

4）多人搬运法。向担架上搬动脊椎受伤的伤员时，应由 4~6 人一起搬动。2 人专管头部的牵引固定，使头部始终保持与躯干成直线的位置，维持颈部不动。另 2 人托住臂背，2 人托住下肢，协调地将伤员平直放到担架上，并在颈、腋窝放一小枕头，头部两侧用软垫或沙袋固定。

（2）担架搬运，具体方法如下：

1）自制担架法。常在没有现成的担架而又需要担架搬运伤员时自制担架。

①用木棍制担架：用两根长约2.5米的木棍或竹竿绑成梯子形，中间用绳索来回绑在两长棍之中即成。

②用上衣制担架：用上述长度的木棍或竹竿两根，穿入两件上衣的袖筒中即成，常在没有绳索的情况下用此法。

③用椅子代担架：将扶手椅两把对接，用绳索固定对接处即成。

2）另种担架的做法如下：

①材料。两根木棍、一块毛毯或床单、较结实的长线（铁丝也可）。

②方法。第一步，把木棍放在毛毯中央，毯的一边折叠，与另一边重合。第二步，毛毯重合的两边包住另一根木棍。第三步，用穿好线的针把两根木棍边的毯子缝合，然后把包另一根木棍边的毯子两边也缝上，制作即成。

（3）车辆搬运。车辆搬运受气候影响小、速度快，能将伤员及时送到医院抢救，尤其适合较长距离运送。轻者可坐在车上，重者可躺在车里的担架上。重伤伤员最好用救护车转送；缺少救护车的地方，可用汽车送。上车后，胸部受伤伤员取半卧位，一般伤员取仰卧位，颅脑损伤伤员应使头偏向一侧。

 专家提示

（1）必须先急救，妥善处理后才能搬运。

（2）运送时尽可能不摇动伤员的身体。若遇脊椎受伤者，应将其身体固定在担架上，用硬板担架搬送。切忌一人抱胸、一人搬腿的双人搬抬法，因为这样搬运易加重脊椎损伤。

（3）运送伤员时，随时观察呼吸、体温、出血、面色变化等情况，注意伤员姿势，给伤员保暖。

（4）在人员、器材未准备完好时，切忌随意搬运。

（5）上述不论哪种运送伤员的方法，在途中都要稳妥，切忌颠簸。

27. 急性中毒急救应遵循什么原则？

急性中毒者病情急、损害严重，需要紧急处理。因此，急性中毒的急救原则应突出四个字，即"快""稳""准""动"。"快"即迅速，分秒必争；"稳"即沉着、镇静、胆大、果断；"准"即判断准确，不要采用错误方法急救；"动"即动态观察，判断出现的症状，所用措施是否对症。

专家提示

某种物质进入人体后，通过生物化学或生物物理作用，使组织产生功能紊乱或结构损害，引起机体病变称为中毒。能引起中毒的物质称为毒物，但毒物的概念是相对的，治疗药物在过量时可产生毒性作用，而某些毒物在小剂量时有一定治疗作用。一般把较小剂量就能危害人体的物质称为毒物。一定毒物在短时间内突然进入机体，产生一系列的病理生理变化，甚至危及生命称为急性中毒。毒物的吸收途径如下：

（1）消化道吸收：口服、灌肠、灌胃等最常见，主要通过小肠吸收。

（2）呼吸道吸收：吸入物呈气态、雾状，如一氧化碳、硫化氢及雾状农药等。

（3）皮肤、黏膜吸收：皮肤吸收有机磷（喷洒农药）、乙醚等，黏膜吸收砷化合物。

（4）血液直接吸收：注射及毒蛇、狂犬咬伤等。

28. 如何快速判断中毒物质？

要认定人员是否中毒并快速判断中毒物质，通常，可以通过伤员呼出的气体或吐出的物质所发出的特殊气味来判断。

中毒的表现与特点如下：

（1）呼气、呕吐物和体表的气味及其对应的中毒物质如下：

1）蒜臭味。有机磷农药、磷、砷化合物。

2）酒精。酒精及其他醇类化合物。

3）苦杏仁味。氰化物及含氰的果仁。

4）酮味（刺鼻甜味）。丙酮、氯仿、指甲油去除剂。

5）辛辣味。氯乙酰乙酯。

6）香蕉味。醋酸乙酯、醋酸异戊酯等。

7）梨味。水合氯醛。

8）酚味。苯酚、来苏。

9）氨味。氨水、硝酸铵。

10）其他特殊气味。煤油、汽油、硝基苯等。

（2）皮肤特点及其对应的中毒物质如下：

1）樱桃红。氰化物、一氧化碳。

2）潮红。酒精、阿托品类、抗组胺类。

3）绀紫。亚硝酸盐、氮氧化合物、含亚硝酸盐的植物、氯酸盐、磺胺、非那西丁、苯的氨基与硝基化合物、对苯二酚。

4）紫癜。毒蛇和毒虫咬伤、硫酸盐。

5）黄疸。四氯化碳、砷、磷化合物、蛇毒、毒草、其他肝脏毒物。

6）多汗。有机磷毒物、毒蕈、毒扁豆碱、毛果芸香碱、吗啡、吲哚美辛、硫酸盐。

7）无汗。抗胆碱药（如阿托品类）、BZ（二苯烃乙酸－3－奎宁环酯）失能剂、曼陀罗等茄科植物（以下简称曼陀罗）。

8）红斑、水疱。芥子气、氮芥、路易氏剂、光气肟。

（3）眼特点及其对应的中毒物质如下：

1）瞳孔缩小。有机磷毒物、毒扁豆碱、毛果芸香碱、毒蕈、阿片类、巴比妥类、氯丙嗪类。

2）瞳孔扩大。抗胆碱药、曼陀罗、BZ失能剂、抗组胺类、苯丙胺、可卡因。

3）眼球震颤。苯妥英钠、巴比妥类。

4）视力障碍。有机磷毒物、甲醇、苯丙胺及肉毒中毒。

5）视幻觉。麦角酸二乙胺、抗胆碱药、曼陀罗、BZ失能剂。

（4）口腔特点及其对应的中毒物质如下：

1）流涎。有机磷毒物、毒蕈、毒扁豆碱、毛果芸香碱、砷、汞化合物。

2）口干。抗胆碱药、曼陀罗、BZ失能剂、抗组胺类、苯丙胺、麻黄碱。

（5）神经系统特点及其对应的中毒物质如下：

1）嗜睡、昏迷。巴比妥和其他镇静安眠药、抗组胺类、抗抑郁药、醇类、阿片类、有机磷毒物、有机溶剂（苯、汽油等）。

2）肌肉颤动。有机磷毒物、毒扁豆碱、毒蕈。

3）抽搐、惊厥。有机磷毒物、毒扁豆碱、毒蕈、抗组胺类、氯化烃类、氰化物、异烟肼、肼类化合物、士的宁、三环类抗抑郁制剂、呼吸兴奋剂、氟乙酰胺、毒鼠强。

4）谵妄。抗胆碱药、BZ失能剂、曼陀罗、甲喹酮、水合氯醛、硫酸盐。

5）瘫痪。高效镇痛剂、可溶性钡盐及箭毒、肉毒中毒。

（6）消化系统特点及其对应的中毒物质如下：

1）呕吐。有机磷毒物、毒扁豆碱、毒蕈、重金属盐类、腐蚀性毒物。

2）腹绞痛。有机磷毒物、毒蕈、重金属盐类、斑蝥、乌头碱、巴豆、砷、汞、磷化合物、腐蚀性毒物。

3）腹泻。有机磷毒物、毒蕈、砷、汞化合物、巴豆、蓖麻籽。

（7）循环系统特点及其对应的中毒物质如下：

1）心动过速。抗胆碱药、BZ失能剂、曼陀罗、拟肾上腺素药、甲状腺片、可卡因、醇类。

2）心动过缓。有机磷毒物、毒扁豆碱、毛果芸香碱、毒蕈、乌头、可溶性钡盐、洋地黄类、β–受体阻断剂、钙拮抗剂。

3）血压升高。拟肾上腺素药、有机磷毒物。

4）血压下降。亚硝酸盐类、氯丙嗪类、各种降压药。

（8）呼吸系统特点及其对应的中毒物质如下：

1）呼吸加快。呼吸兴奋剂、抗胆碱药、曼陀罗、BZ 失能剂。

2）呼吸减慢。阿片类、镇静安眠药、有机磷毒物、蛇毒、高效镇痛剂。

3）哮喘。刺激性气体、有机磷毒物。

4）肺水肿。有机磷农药、毒蕈、窒息性气体（光气、双光气、氮氧化合物、硫化氢、磷化氢、氯、二氧化硫、氨、二氯亚砜等）、硫酸二甲酯。

（9）尿色的改变及其对应的中毒物质如下：

1）血尿。磺胺、毒蕈、氯胍、酚、斑蝥。

2）葡萄酒色。苯胺、硝基苯。

3）蓝色。姜蓝。

4）棕黑色。酚、亚硝酸盐。

5）棕红色。安替比林、辛可芬、山道年。

6）绿色。香草酚。

29. 发生急性中毒时如何急救？

发生急性中毒后，可分除毒、解毒和对症救护三步进行急救。

（1）除毒方法如下：

1）吸入毒物的急救。应立即将伤员救离中毒现场，搬至空气新鲜的地方，解开衣领，以保持呼吸道通畅，同时使伤员吸入氧气。伤员昏迷时，要取出假牙（如有），将舌头牵引出来。

2）清除皮肤毒物。迅速使伤员离开中毒场地，脱去被污染的衣物，彻底清洗皮肤、毛发等，常用流动清水或温水反复冲洗身体，清除沾污的毒性物质。有条件者，可用 1% 醋酸或 1% ~2% 稀盐酸、酸性果汁冲洗碱性毒物；用 3% ~5% 碳酸氢钠或石灰水、小苏打水、肥皂水冲洗酸性毒物。敌百虫中毒忌用碱性溶液冲洗。

3）清除眼内毒物。迅速用 0.9% 盐水或清水冲洗眼部 5~10 分钟。酸性毒物用 2% 碳酸氢钠溶液冲洗，碱性毒物用 3% 硼酸溶液冲洗。然后可点 0.25% 氯霉素眼药水，或 0.5% 金霉素眼药膏以防止感染。无药液时，只用微温清水冲洗亦可。

4）经口误服毒物的急救。对于已经明确属口服毒物的神志清醒的伤员，应马上采取催吐的办法，使毒物从体内排出。

①催吐。首先让伤员取坐位，上身前倾并饮水 300~500 毫升（普通的玻璃杯 1 杯），然后让伤员弯腰低头，面部朝下，救护人员站在伤员身旁，手心朝向伤员面部，将中指伸到伤员口中（若留有长指甲，须剪短），用中指指肚向上钩按伤员软腭（紧挨上牙的是硬腭，再往后就是柔软的软腭），按压软腭造成的刺激可以使伤员呕吐。呕吐后再让伤员饮水并再刺激其软腭使其呕吐，如此反复操作，直到吐出的是清水为止。也可用羽毛、筷子、压舌板，或触摸咽部催吐。催吐可在发病现场进行，也可在送医院的途中进行，总之越早越好。有条件的还可服用 1% 硫酸锌溶液 50~100 毫升。必要时用去水吗啡（阿扑吗啡）5 毫克皮下注射。

催吐禁忌：口服强酸、强碱等腐蚀性毒物者，已发生昏迷、抽搐、惊厥者，严重心脏病、食道胃底静脉曲张、胃溃疡、主动脉夹瘤的患者，孕妇。

上唇
上牙
悬雍垂
扁桃体
下牙
下唇

软腭
（刺激部位）
舌

②洗胃。清醒者，越快越好，但神志不清、惊厥抽动、休克、昏迷者忌用。洗胃只能在医务人员指导下进行。洗胃液体一般用清水，如条件许可，亦可用无强烈刺激性的化学液体破坏或中和胃中毒物。

③灌肠。清洗肠内毒物，防止吸收。腐蚀性毒物中毒可灌入蛋清、稠米汤、淀粉糊、牛奶等，以保护胃肠黏膜，延缓毒物的吸收；口服炭末、白陶土，有吸附毒物的功能；由皮下、肌内注射引起的中毒，如果中毒时间还不长，可在原针处周围肌内注射1%肾上腺素 0.5 毫克以延缓吸收。

（2）解毒和对症急救。解毒和对症急救需在医院进行。

（3）给予生命支持。在医务人员到达之前或在送去医院途中，对已发生昏迷的伤员采取正确体位，防止窒息；对已发生心跳、呼吸停止的伤员实施心肺复苏等。

30. 刺激性气体中毒时如何急救?

吸入过量刺激性气体可引起以呼吸道刺激、炎症乃至肺水肿为主要表现的疾病状态, 称为刺激性气体中毒。

(1) 刺激性气体中毒症状。刺激性气体中毒主要存在以下 3 种中毒症状:

1) 化学性 (中毒性) 呼吸道炎。化学性呼吸道炎主要因刺激性气体对呼吸道黏膜的直接刺激损伤作用所引起, 水溶性越大的刺激性气体对上呼吸道的损伤作用也越强, 其进入深部肺组织的量也相应较少, 如氯气、氨气、二氧化硫、各种酸雾等。化学性呼吸道炎可同时见有鼻炎、咽喉炎、气管炎、支气管炎等表现及眼部刺激症状, 如喷嚏、流涕、流泪、畏光、眼痛、喉干、咽痛、声嘶、咳嗽、咳痰等, 严重时可有血痰及气急、胸闷、胸痛等症状; 吸入高浓度刺激性气体可因喉头水肿而致明显缺氧、发绀, 有时甚至引起喉头痉挛, 导致窒息死亡。较重的化学性呼吸道炎可出现头痛、头晕、乏力、心悸、恶心等全身症状。轻度刺激性气体中毒, 或高浓度刺激性气体吸入早期, 应及时脱离中毒现场, 给予适当处理后多能很快康复。

2) 化学性 (中毒性) 肺炎。进入呼吸道深部的刺激性气体对细支气管及肺泡上皮的刺激损伤作用可引起中毒性肺炎, 除有呼吸道刺激症状外, 主要表现为较明显的胸闷、胸痛、呼吸急促、咳嗽、痰多, 甚至可咯血; 体温多有中度升高, 伴有较明显的全身症状, 如头痛、畏寒、乏力、恶心、呕吐等, 一般可持续 3~5 天。

3) 化学性 (中毒性) 肺水肿。化学性肺水肿是吸入刺激性气体后最严重的表现，如吸入高浓度刺激性气体可在短期内迅速出现严重的肺水肿，但一般情况下，化学性肺水肿多由化学性呼吸道炎乃至化学性肺炎演变而来，如积极采取措施，减轻乃至防止肺水肿发生，对改善愈后有重要意义。

肺水肿的主要特点是突然发生呼吸急促、严重胸闷气憋、剧烈咳嗽，出现大量泡沫痰，呼吸常达 30~40 次 / 分以上，并伴明显发绀、烦躁不安、大汗淋漓，不能平卧。多数化学性肺水肿治愈后不留后遗症，但有些刺激性气体如光气、氮氧化物、有机氟热裂解气等引起的肺水肿，在恢复 2~6 周后可出现逐渐加重的咳嗽、发热、呼吸困难，甚至出现急性呼吸衰竭而导致死亡；还有些危险化学品，如氯气、氨气等可导致慢性堵塞性肺疾患；有机氟化合物、现代建筑失火烟雾等则可引起肺间质纤维化等。

刺激性气体中毒现场急救原则：迅速将伤员脱离事故现场，对无心跳、呼吸者采取人工呼吸和心肺复苏。

（2）刺激性气体中毒的急救措施。刺激性气体中毒现场急救原则：迅速将伤员脱离事故现场，对无心跳、呼吸者采取人工呼吸和心肺复苏。

1）做好准备。

2）根据初步了解的事故规模、严重程度，做好药品、器材及特殊检验、特殊检查方面的准备工作，并与有关科室联络，以便协助处理伤员。

3）根据随伤员转送来的资料，按病情分级安排病房，并在入院检查后根据病情进展情况随时进行调整。各级伤员应统一巡诊，分工负责，严密观察，及时处置。原则上凡有急性刺激性气体吸入者，都应留观至少 24 小时。

4）严格病房无菌观念及隔离消毒制度，观察期及危重伤员应谢绝探视，保证病房安静、清洁的治疗环境。

 血的教训

　　某日下午，某化工厂 2 号氯冷凝器出现穿孔，氯气泄漏，厂方随即进行处置。次日凌晨 1 时左右，裂管发生爆炸。4 时左右，再次发生局部爆炸，大量氯气向周围弥漫。由于附近居民和单位较多，当地连夜组织人员疏散居民。17 时 57 分，5 个装有液氯的氯罐在抢险处置过程中突然发生爆炸，当场造成 9 人死亡，导致附近 15 万人疏散。事故发生后，当地消防特勤队员昼夜用高压水网（碱液）进行高空稀释，在较短的时间内控制了氯气扩散。

为避免剩余氯罐产生更大危害，现场指挥部和专家研究决定引爆氯罐。最终，存在危险的汽化器和储槽罐被全部销毁。当地解除警报。

分析该起事故的应急救援过程，迅速疏散群众避免进一步伤亡是本次应急响应的亮点，但对氯罐的处置过程还有需要改进的地方。

31. 发生化学性眼灼伤时如何急救？

酸、碱等化学物质溅入眼部可引起损伤，其程度和愈后取决于化学物质的性质、浓度、渗透力和其与眼部接触的时间。常见的可引起化学性眼灼伤的物质有硫酸、硝酸、氨水、氢氧化钾、氢氧化钠等，碱性化学品的毒性较大。

（1）烧伤症状如下：

1）低浓度酸、碱灼伤，表现为刺痛、流泪、怕光、眼结膜充血、结膜和角膜上皮脱落。

2）高浓度酸、碱灼伤，表现为剧烈疼痛、流泪、怕光、眼睑痉挛、眼睑及结膜高度充血水肿、局部组织坏死。

3）严重的酸、碱灼伤，表现为可损害眼的深部组织，出现虹膜炎、前房积脓、晶体浑浊、全眼球炎，甚至眼球穿孔、萎缩或继发青光眼。

（2）急救措施如下：

1）发生化学性眼灼伤，应立即彻底冲洗。现场可用自来水冲洗，冲洗时间要充分，半小时左右。如无水龙头，可把头浸入盛有清洁水的盆内，把上下眼睑翻开，使眼球在水中轻轻左右摆动，然后再送医院治疗。

2）用生理盐水冲洗，以去除和稀释化学物质。冲洗时，应注意穹窿部结膜是否有固体化学物质残留，并去除坏死组织。石灰和电石颗粒灼伤，应先用蘸植物油的棉签清除残余颗粒后，再用水冲洗。

32. 发生化学性皮肤灼伤时如何急救？

（1）迅速移离现场，脱去污染的衣服，立即用大量流动的清水冲洗 20~30 分钟。碱性物质污染后冲洗时间应延长，特别注意眼及其他特殊部位，如头、面、手、会阴的冲洗。灼伤创面经水冲洗后，必要时进行合理的中和治疗。例如，氢氟酸灼伤，经水冲洗后，需及时用钙、镁的制剂局部中和治疗。必要时用葡萄糖酸钙静脉注射。

（2）化学灼伤创面应彻底清创、剪去水疱、清除坏死组织。深度创面应立即或在早期进行削（切）痂植皮及延迟植皮。例如，被黄磷灼伤后应及早切痂，防止磷吸收中毒。

（3）对有些化学物灼伤，如氰化物、酚类、氯化钡、氢氟酸等在冲洗时应进行适当的解毒急救处理。

（4）化学灼伤合并休克时，冲洗应从速、从简，积极进行抗休克治疗。

（5）积极防治感染，合理使用抗生素。

33. 发生酸灼伤时如何急救?

酸灼伤大多由硫酸、硝酸、盐酸引起。此外，酸灼伤还可由铬酸、高氯酸、氯磺酸、磷酸等无机酸和乙酸、冰醋酸等有机酸引起。酸性化学物质呈液态时可引起皮肤灼伤，呈气态时可造成呼吸道的吸入性损伤。酸灼伤的程度与皮肤接触酸的浓度、范围以及伤后是否及时用大量流动水冲洗有关。有机酸种类繁多，化学性质差异大，其致灼伤作用一般较无机酸弱。

（1）烧伤症状如下：

1）酸灼伤引起的痂皮色泽不同，是因各种酸与皮肤蛋白形成不同的蛋白凝固产物所致，如硝酸灼伤为黄色、黄褐色，硫酸灼伤为深褐色、黑色，盐酸灼伤为淡白色或灰棕色。

2）酸性化学物质与皮肤接触后，因细胞脱水、蛋白凝固而阻止残余酸向深层组织侵犯，故病变常不侵犯深层（氢氟酸例外），形成以Ⅱ度为主的痂膜，其痂皮不易溶解、脱落。

3）Ⅱ度酸灼伤的痂皮，其外观、色泽、硬度类似Ⅱ度焦痂。切痂前，应予注意。但缺乏皮下组织的部位如手背、胫骨前、足背、足趾等处，较长时间接触强酸较易造成Ⅱ度灼伤。一般判断痂皮色浅、柔软者，灼伤较浅。痂皮色深、较韧如皮革样、脱水明显而内陷者，灼伤较深。

（2）急救措施如下：

1）迅速脱去或剪去污染的衣着，立即用大量流动的清水冲洗创面，冲洗时间为20~30分钟。硫酸灼伤强调用大量水快速冲洗，以便既能稀释酸，又能使热量随之消散。

2）中和治疗。冲洗后以5%碳酸氢钠液湿敷，中和后再用水冲洗，以防止酸进一步渗入。

3）清创，去除水疱，以防酸液残留而继续作用。

4）创面一般采用暴露疗法或外涂1%磺胺嘧啶银冷霜。

5）头、面部化学灼伤时要注意眼、呼吸道的情况，如发生眼灼伤，应首先彻底冲洗。如有酸雾吸入，注意化学性肺水肿的发生。

34. 火灾现场如何急救?

火灾是日常生活中最常见的一种灾害，常由高温、沸水、烟雾、电流等造成烧伤，更严重的是造成皮肤、躯体、内脏等的复合伤，甚至可致残或死亡。

先把重伤的送医院！

烧伤面积越大，深度越深，危害性越大。头、面部烧伤易出现失明，水肿严重；颈部烧伤严重者易压迫气道，出现呼吸困难、窒息；手及关节烧伤易出现畸形，影响工作、生活；会阴烧伤易出现大小便困难，引起感染；老、小、弱者治疗困难，愈合慢。

（1）急救原则。急救原则是一脱、二观、三防、四转。

一脱：急救头等重要的问题是使伤员脱离火场，灭火，分秒必争。

二观：观察伤员呼吸、脉搏、意识如何，目的是分轻重缓急进行急救。

三防：防止创面受污染，包括清除眼、口、鼻的异物。

四转：把重伤者安全转送医院。

（2）急救方法如下：

1）清理创面：先口服镇痛药哌替啶 50~100 毫克 / 次，最好用生理盐水稀释 1 倍从静脉缓慢推入。立即止痛后，用微温清水或肥皂水清除泥土、毛发等污物，再用蘸 75% 酒精（或白酒）的棉球轻轻清洗创面，不要把水疱挤破。然后用无菌纱布或毛巾、被单敷盖，再用绷带或布带轻松包扎。也可采用暴露法，但要用无菌或干净的大块纱布、被罩盖上，保护创面，防止感染。

2）轻度烧伤者可饮 1 000 毫升水，水中加 3 克盐、50 克白糖，有条件再加入碳酸氢钠 1.5 克。严重者按体重进行静脉输液。

3）要清除呼吸道污物，呼吸困难要进行人工呼吸，心跳失常者进行胸外心脏按压。

（3）火灾时的紧急处理：

1）遇有火灾，第一是大声呼救或立即给"119"打电话报警。

2）报警时，要报清火灾户主的姓名，区、街、巷、门牌号数以及邻近重要标记。派人在巷口指引消防队，以免耽误时间。

3）如在火焰中，头部最好用湿棉被（不用化纤的）包住，露出眼睛，以便于逃生。

4）身上的衣服被烧着时，用水冲、湿被捂住，或就地打滚，以达到扑灭身上火苗的目的。绝对不能带火奔跑，这样会使火势越来越大，增加伤害。

5）遇有浓烟时，应把毛巾打湿紧按住嘴和鼻子，防高温、烟呛和窒息。

6）浓烟常在离地面 30 多厘米处四散。逃生时身体姿势要放低，最好爬出浓烟区。

7）逃出时即使忘了带重要物品，也切记不要再进入火区。

8）家门口平时不要堆积过多的东西，以便确保逃生路线通畅。老人、小孩应睡在容易出入的房间。

9）火灾时容易发生直接或间接的损伤，如玻璃破碎、房屋倒塌造成各种外伤，甚至发生喉咙痛、睁不开眼、咳嗽、呼吸困难和窒息。应及时急救，或拨"120"急救电话请急救中心来急救。

 专家提示

（1）当火场发生紧急情况，危及救援人员生命和车辆安全时，应立即将救援人员和车辆转移到安全地带。

（2）采取工艺灭火措施时，要在失火单位工程技术人员的配合指导下进行。

（3）火场内如有带电设备，应采取切断电源和预防触电的措施。

（4）火场救援时一定要清点本单位人数和器材装备，如发现缺少灭火人员，必须及时查明情况。若有在火场下落不明者，应该迅速搜寻，逐个落实。

（5）在使用交通工具运送火灾伤员时，应密切注意伤员伤情，途中要进行医疗监测和不间断的治疗。注意伤员的脉搏、呼吸和血压的变化，对重伤员进行补液治疗，路途较长时需要留置导尿管。

（6）冷却受伤部位，用冷自来水冲洗伤肢。

（7）不要刺破水疱，伤处不要涂药膏，不要粘贴受伤皮肤。

（8）衣服着火时切忌站立或奔跑呼叫，以防止增加头、面部烧伤或吸入损害。

（9）迅速离开密闭或通风不良的现场，以免发生吸入损伤。

（10）用身边不易燃的材料，如毯子、雨衣、棉被等，最好是阻燃材料，迅速覆盖着火处，使之与空气隔绝。

（11）凝固汽油弹爆炸、油点下落时，应迅速隐蔽或利用衣物等将身体遮盖，尤其是裸露部位；等待油点落尽后，迅速解脱、抛弃着火的衣服，并迅速离开现场，不可用手扑打火焰，以免烧伤。

（12）头、面部烧伤（尤其是碱烧伤）时，应首先注意眼睛，尤其是角膜有无损伤，并优先予以冲洗。

35. 人身上着火时怎么办?

（1）当身上套着几件衣服时，火不会立即烧到皮肤。应将着火的外衣迅速脱下来。对有纽扣的衣服，可用双手抓住左右衣襟猛力撕扯将衣服脱下，不能像平时那样一个一个地解纽扣，因为时间来不及。如果穿的是拉链衫，则要迅速拉开拉锁将衣服脱下。

（2）如果身上穿的是单衣，应迅速趴在地上。背后衣服着火时，应躺在地上；衣服前后都着火时，则应在地上来回滚动，利用身体隔绝空气，覆盖火焰，窒息灭火。但在地上滚动的速度不能快，否则不容易压灭火焰。

（3）在家里，可使用被褥、毯子或麻袋等物灭火，效果既好又及时，只要将上述物品打开后遮盖在身上，然后迅速趴在地上，火焰便会立刻熄灭。如果旁边正好有水，也可用水浇。

（4）在野外，如果附近有河流、池塘，可迅速跳入浅水中；但若人体已被烧伤，而且创面皮肤已被烧破时，不宜跳入水中，更不能用灭火器直接往人体上喷射，因为这样做很容易使烧伤的创面感染细菌。

36. 触电时如何急救？

电击伤俗称触电，是由于电流或电能（静电）通过人体，造成机体损伤或功能障碍，甚至死亡。大多数触电是由人体直接接触电源所致，也有被数千伏以上的高压电击伤。

接触1 000伏以上的高压电多出现呼吸停止，220伏以下的低压电易引起心室纤颤及心搏停止，220~1 000伏的电压可致心脏和呼吸中枢同时麻痹。

触电时的症状：轻者心慌，头晕，面色苍白，恶心，神志清楚，呼吸、心跳规律，四肢无力。如果脱离电源，安静休息，注意观察，不需特殊处理。重者呼吸急促，心跳加快，血压下降，昏迷，心室颤动，呼吸中枢麻痹以至呼吸停止。

触电局部可有深度烧伤，呈焦黄色，与周围正常组织分界清楚，有两处以上的创口：一个入口、一个或几个出口，重者创面深及皮下组织、肌腱、肌肉、神经，甚至深达骨骼，呈炭化状态。

（1）触电的急救措施如下：

1）尽快切断电源。立即拉下总闸门或关闭电源开关，拔掉插头，使触电者快速脱离电源。救护人员可用绝缘物（干燥的竹竿、扁担、木棍、塑料制品、橡胶制品、皮制品）挑开接触触电者的电源线，使触电者迅速脱离电源。

2）如触电者仍在漏电的机器上，应迅速用干燥的绝缘棉衣、棉被等将触电者推拉开。

3）切断电源之前，救护人员切忌用手直接去拉触电者，因人体是良导体，极易导电。

4）确认心跳停止时，在用人工呼吸和胸外心脏按压后，才可使用强心剂。

5）触电灼烧伤应合理包扎。在高空高压线触电抢救中，要注意避免二次摔伤。

6）救护人员最好穿胶鞋，踏在木板上保护自身。

（2）触电急救的注意事项。救护人员应在确认触电者已与电源隔离，且救护人员本身所涉环境安全距离内无危险电源时，方能接触触电者进行抢救。

在抢救过程中，不要为方便而随意移动触电者，如确需移动，应使触电者平躺在担架上并在其背部垫以平硬的木板，不可让触电者身体蜷曲。移动过程中应继续抢救。

任何药物都不能代替人工呼吸和胸外心脏按压，对触电者用药或注射针剂，应由有经验的医务人员诊断确定，慎重使用。

抢救过程中，要每隔数分钟再判定一次，每次判定时间均不得超过一秒。做人工呼吸要有耐心，尽可能坚持抢救一小时以上，直到把人救活，或者一直抢救到确诊死亡时为止。

如需送医院抢救，在途中也不能中断急救措施。

在医务人员未接替抢救前，现场救护人员不得放弃现场抢救，只有医务人员有权做出触电者死亡的诊断。

37. 雷击现场如何急救？

我国雷暴活动主要集中在每年的6—8月。打雷会出现耀眼的闪光，发出震耳的轰鸣。打雷的时间短（一次雷击时间约60秒），电流大（几万至几十万安），电压高（数十万至数百万伏特）。我国每年有3 000~4 000人遭雷击而身亡，造成直接经济损失50亿~100亿元。如果没有可靠的防雷装置，建筑物、设备装置等遭到雷击，将带来火灾、爆炸等灾害，造成巨大的损失。

雷击损伤一般伤情较重，非死即伤。雷击主要造成灼伤，神经系统损伤，耳鼓膜破裂、爆震性耳聋，白内障、失明，肢体瘫痪或坏死而需截肢，重则呼吸和心跳停止、休克、死亡等。高压电的电击伤与雷击造成的损伤相似。

（1）雷击的特点。雷击（电击）损伤常在瞬间发生，伤情严重，生命危在旦夕，必须立即施救。针对多数伤员，要给予心肺复苏、脑复苏抢救。有心室纤颤、心律异常者，应给予除颤整律治疗。

雷击损伤较为复杂，要求多学科综合救治。重点在于维持呼吸、稳定血压、纠正酸中毒、医治烧灼伤等。

（2）雷击伤的急救措施如下：

1）使伤员就地平卧，松解衣扣、内衣、腰带等。

2）立即实施口对口人工呼吸和胸外心脏按压，坚持至伤员苏醒为止。

3）送医院急救。

（3）雷击伤急救的注意事项如下：

1）处理雷击伤时，应注意有无其他损伤。例如，被雷击后自高空跌下，常并发颅脑外伤、血气胸、内脏破裂、四肢和骨盆骨折等。

2）现场抢救中，不要随意移动伤员，若确需移动时，抢救中断时间应不超过30秒。移动伤员或将其送往医院，除应使伤员平躺在担架上并在背部垫以平硬的木板外，应继续抢救，心跳呼吸停止者要继续人工呼吸和胸外心脏按压，在医务人员未接替前救治不能中止。

3）对雷电灼伤的伤口或创面，不要用油膏或不干净的敷料包敷，要用干净的敷料包扎，或送医院后待医务人员处理。

38. 如何躲避雷击？

（1）室内预防雷击的措施如下：

1）在雷雨天要将电视机的室外天线与电视机脱离。

2）雷雨天气应关好门窗，防止球形雷窜入室内造成危害。

3）雷雨天气，人体最好离可能传来雷电侵入波的线路和设备1.5米以上，具体的防御措施如下：

①尽量暂时不用电器，最好拔掉电源插头。

②不要打电话。

③不要靠近室内的金属设备，如暖气片、自来水管、下水管。

④要尽量离开电源线、电话线、广播线，以防止这些线路和设备对人体二次放电。

⑤不要穿潮湿的衣服，不要靠近潮湿的墙壁。

（2）室外预防雷击。雷电通常会击中户外最高的物体尖顶，所以孤立的高大树木或建筑物往往最易遭雷击。雷雨天气，人们在户外应遵守以下规则，以确保安全：

1）雷雨天气时不要停留在高楼平台上，在户外空旷处不宜进入孤立的棚屋、岗亭等。

2）远离建筑物外露的水管、煤气管等金属物体及电力设备。

3）不宜在大树下躲避雷雨，如万不得已，则需与树干保持 3 米距离，下蹲并双腿靠拢。

4）如果在雷电交加时，头、颈、手处有蚂蚁爬走感，头发竖起，说明将发生雷击，应赶紧趴在地上，并拿去身上佩戴的金属饰品等，这样可以减少遭雷击的危险。

5）如果在户外遭遇雷雨，来不及离开高大物体时，应马上找干燥的绝缘物放在地上，并双脚并拢坐在上面，切勿将脚放在绝缘物以外的地面上，因为水能导电。

6）在户外躲避雷雨时，应注意不要用手撑地，同时双手抱膝，胸口紧贴膝盖，尽量低下头，因为头部较之身体其他部位最易遭到雷击。

7）当在户外看见闪电且几秒钟内就听见雷声时，说明正处于近雷暴的危险环境，此时应停止行车，两脚并拢并立即下蹲，不要与人拉在一起，最好使用塑料雨具、雨衣等。

8）在雷雨天气中，不宜在旷野中打伞或高举羽毛球拍、高尔夫球棍、锄头等；不宜进行户外球类运动，雷暴天气进行高尔夫球、足球等运动是非常危险的；不宜在水面和水边停留；不宜在河边洗衣服、钓鱼、游泳、玩耍。

9）在雷雨天气中，不宜快速开摩托、快骑自行车和在雨中狂奔，因为身体的跨步越大，电压就越大，也越容易伤人。

10）如果在户外看到高压线遭雷击断裂，此时应提高警惕，因为高压线断点附近存在跨步电压，附近的人此时千万不要跑动，而应双脚并拢，跳离现场。

11）如在车厢里，不要将头、手伸出。不管在车里车外，都要尽量保持身体干燥不被淋湿。潮湿状态更易遭电击。

39. 淹溺现场如何急救?

当出现淹溺的情况时,尽快将溺水者打捞到陆地上或船上,立刻做俯卧人工呼吸,至少连续15分钟,不可间断。同时由他人解开溺水者衣扣,检查呼吸、心跳情况。溺水者若尚有呼吸、心跳,可先倒水,动作要敏捷,切勿因此延误其他抢救措施。检查溺水者的口鼻腔内是否有异物,如有,应立即清除口鼻腔内的污泥、杂草、呕吐物等,保持呼吸道通畅,注意保暖。

(1)淹溺的急救方法如下:

1)救护人员一腿跪地,另一腿屈膝,将溺水者的腹部置于救护人员屈膝的大腿上，使溺水者头部下垂，然后用手按压背部使呼吸道及消化道内的水倒排出来。

2）抱住溺水者两腿，将溺水者腹部放在救护人员的肩上并快步走动。

3）如溺水者呼吸、心跳已停止，应立即进行心肺复苏：胸外心脏按压和口对口人工呼吸。吹气量要偏大，吹气频率为14~16次/分钟。要坚持较长的时间，切不可轻易放弃。若有条件时做气管内插管，应吸出水分并做正压人工呼吸。

4）针对昏迷者，可针刺人中、涌泉、内关、关元等穴位，强刺激留针5~10分钟。

5）溺水者呼吸、心跳恢复后，人工呼吸节律可与溺水者呼吸一致，给予辅助，待溺水者自动呼吸完全恢复后可停止人工呼吸，同时用干毛巾向心脏方向按摩四肢及躯干皮肤，以促进血液循环。淹溺救治的重点是尽快改善溺水者低氧血症，恢复有效血液循环及纠正酸中毒。

6）有外伤时应对症处理，如包扎、止血、固定等。

7）溺水者苏醒后应继续治疗，防治溺水后并发症。

8）酌情补液及维持电解质及酸碱平衡。必要时，有条件者可进行血流动力学监护。

9）放置胃管，排出胃内容物，以防误吸呕吐物。应用抗菌药物，以防治吸入性肺炎及其他继发感染。

10）警惕急性肺水肿、急性肾功能衰竭及脑水肿等并发症。

（2）淹溺急救的注意事项如下：

1）不要因倒水而影响其他抢救。

2）注意是否合并肺气压伤和减压病。

3）不要轻易放弃抢救，特别是低体温者（<32 ℃），应抢救更长时间。

 血的教训

张某溺水后，王某奋不顾身跳下水进行抢救。王某虽然会游泳，但一接近张某，即被张某紧紧抱住，结果一同沉入了水中。王某挣脱张某后，再次极力进行抢救，终于把张某救到岸上。面对张某"青紫的脸和布满血丝的双眼""没有缓过气来"的严重情况，王某有点不知所措，只是耐心地为张某一遍遍控水，却没有进行必要的人工呼吸和胸外心脏按压，等救护人员到达时张某已经死亡。

由此可见，溺水者现场紧急救护非常重要。尽管溺水造成死亡的过程短促，但根据抢救经验，在现场实施救护措施，如人工呼吸等，很可能就挽救了生命。在实施人工呼吸时，时间一般都比较长，救护人员要有信心和耐心，千万不要轻易放弃。

40. 中暑时如何急救?

中暑是高温影响下的体温调节功能紊乱，常因烈日暴晒或在高温环境下从事重体力劳动所致。

（1）中暑的原因。正常人体温能恒定在 37 ℃左右，是通过下丘脑体温调节中枢的作用，使产热与散热取得平衡的结果。当周围环境温度超过皮肤温度时，散热主要靠出汗，以及皮肤和肺泡表面的蒸发。人体还可通过血流循环，将深部组织的热量带至上下组织，通过扩张的皮肤血管散热。因此，经过皮肤血管的血流越多，散热就越多。如果产热大于散热或散热受阻，体内有过量热蓄积，即产生高热中暑。

（2）急救措施如下：

1）搬移。迅速将伤员抬到通风、阴凉、干爽的地方，使其平卧并解开衣扣，松开或脱去衣服，如衣服被汗水湿透应更换衣服。

2）降温。在伤员头部捂上冷毛巾，可用 50% 酒精、白酒、冰水或冷水进行全身擦浴，然后用扇子或电扇吹风，加速散热。有条件的也可用降温毯给予降温。但不要快速降低伤员体温，当体温降至 38 ℃ 以下时，要停止一切冷敷等强降温措施。

3）补水。如果伤员仍有意识，可给一些清凉饮料，在补充水分时，可加入少量盐或小苏打水。但千万不可急于补充大量水分，否则会引起呕吐、腹痛、恶心等症状。

4）促醒。若伤员已失去知觉，可指掐人中、合谷等穴位，使其苏醒。若呼吸停止，应立即实施人工呼吸。

5）转送。对于重症中暑伤员，必须立即送医院诊治。搬运伤员时，应用担架运送，不可使伤员步行，同时运送途中要注意尽可能地用冰袋敷于伤员额头、枕后、胸口、肘窝及大腿根部，积极进行物理降温，以保护大脑、心肺等重要脏器。

41. 冷冻伤如何急救?

低温引起人体的损伤为冷冻伤,分为非冻结性冷伤和冻结性冷伤。

(1)非冻结性冷伤。

1)主因。非冻结性冷伤由 10 ℃以下、冰点以上的低温,加以潮湿条件所造成,如冻疮、战壕足、浸渍足。暴露在冰点以下低温的机体局部皮肤、血管发生收缩,血流缓慢,影响细胞代谢。当局部达到常温后,血管扩张、充血、有渗液。

2)主症。足、手和耳部红肿,伴痒感或刺痛,有水疱,合并感染后有糜烂或溃疡。

3)急救。局部表皮涂冻疮膏,每日温敷二三次。有糜烂或溃疡者用抗生素。

(2)冻结性冷伤。

1)主因。冻结性冷伤大多发生于意外事故或战争时期,人体接触冰点以下的低温,或在野外遇暴风雪而掉入冰雪中,或不慎被制冷剂如液氮、固体二氧化碳损伤所致。

2)主症。局部冻伤分为 4 度,分别如下:

Ⅰ度冻伤:伤及表皮层。局部红肿,发热,有痒、刺痛感。数天后干痂脱落而愈,不留瘢痕。

Ⅱ度冻伤:损伤达真皮层。局部红肿明显,有水疱形成,自觉疼痛,若无感染,局部结痂愈合,很少有瘢痕。

Ⅲ度冻伤:伤及皮肤全层和深达皮下组织。创面由苍白变为黑褐色,周围红肿、疼痛,有血性水疱。若无感染,坏死组织干燥成痂，愈合后留有瘢痘，恢复慢。

　　Ⅳ度冻伤：伤及肌肉、骨等组织。局部似Ⅱ度冻伤，治愈后留有功能障碍或致残。

Ⅰ度冻伤：皮肤苍白，继而出现蓝紫色伴有硬块，后变红肿，发痒、刺痛。

Ⅱ度冻伤：皮肤出现水疱，红肿，发痒，并有烧灼痛。

Ⅲ度冻伤：皮肤发黑，冻伤的地方没有知觉，麻木，周围皮肤出现水疱，很痛。

Ⅳ度冻伤：皮色发暗灰色，局部出现坏死，没有感觉，也不能活动。

　　（3）急救。复温是救治的基本手段。首先脱离低温环境和冰冻物体。衣服、鞋袜等同肢体冻结时，勿用火烘烤，应用温水（40 ℃

左右）融化后脱下或剪掉。然后用 38~40 ℃温水浸泡伤肢或浸浴全身。水温要稳定，使局部在 20 分钟、全身在半小时内复温，肢体红润，皮肤温度达 36 ℃左右为宜。对呼吸、心跳骤停者，施行胸外心脏按压和人工呼吸。

42. 车祸现场的急救措施有哪些?

车祸发生时，除了确保伤员安全外，必须联络"120"和报告交通部门，以防引发其他车祸。车祸时无论伤员受伤程度如何，均需送医就诊。

（1）向旁人请求支援。无法自行处理时，一定要向旁人求救。及时联络救护。无论发生多大的车祸，都需要报警。确保伤员安全，原则上尽量不要移动伤员。若出事地点太危险，则找人帮忙，小心地将伤员搬移至安全场所。注意防止引发其他车祸，利用三角板警示标志提醒后方来车。

（2）进行自检、自救与互救。一般来说，头部、胸部受伤或多处受伤者，出血多者及昏迷者，均列为重伤。对垂危伤员及心跳停止者，需立即进行胸外心脏按压及口对口人工呼吸。对意识丧失者，用手帕、手指清除伤员口鼻中的泥土、杂物、呕吐物及分泌物，紧急时可用口吸出，以挽救伤员生命。随后将伤员放置在侧卧位或俯卧位，以防窒息。对出血多者，立即进行加压止血包扎，紧急时可用干净手帕、衬衣等将伤口紧紧压住、包扎。动脉出血不止时，如在四肢，可在伤口上方 10 厘米处扎止血带。如发现开放性气胸，对开放性伤口应进行严密封闭包扎。伴有呼吸困难的张力性气胸，有条件时可在第二肋骨与锁骨中线的交叉点行穿刺排气或放置引流管。对呼吸困难、缺氧并伴有胸廓损伤、胸壁浮动者（呼吸反常运动者），应立即用衣物、棉垫等充填，并适当加压包扎，以限制其浮动。对骨折脱臼者，要就地取材，用木棍、木板、竹片、布条等固定骨折肢体。

（3）车祸可能引起各种伤害，最重要的是要沉着应对。首先要检查意识及呼吸、脉搏。千万不要扭曲伤员身体，因为车祸时常伤及颈部骨骼及神经，扭曲伤员身体更是致命的动作。除了检查意识、呼吸、脉搏外，更重要的是检查有没有大出血。血液自伤口大量喷出的动脉性出血或大量流出的静脉性出血都可能造成生命危险，此时需尽快进行止血。要用干净的手帕压住伤口，利用直接压迫法来防止大出血。大出血很容易引起休克，所以必须施行休克救护。若为意识清醒、未有大出血的轻伤，只要在救护车抵达前，依伤势进行救护即可。

（4）车祸时，无论伤势多么轻微，即使看起来毫发无伤，也一定要接受医务人员诊治。若未接受医务人员仔细的诊治，可能引起令人意想不到的后遗症。到时不仅是伤员，肇事者也可能受到财产或精神上的损失。

第 *3* 章
建筑施工意外
伤害与应急处置

43. 建筑施工的特点及常见事故伤害有哪些?

建筑业是国民经济支柱产业之一,建筑业所生产的大批建筑产品为我国国民经济的发展奠定了重要的物质基础,同时带动了相关产业的蓬勃发展,成为经济繁荣的支撑点。然而,建筑业又是一个危险性高、易发生事故的行业,是安全生产专项治理的重点行业之一。

(1)建筑施工的特点。建筑施工(包括市政施工)属于事故发生率较高的行业,每年的事故死亡人数仅次于煤炭与交通行业。目前,农民工已经成为建筑施工的主力军,也是各类意外伤害事故的主要受害群体。根据事故统计,在建筑施工伤亡人员中,农民工约占60%,并且呈现不断上升的趋势。建筑业之所以成为高危险行业，主要与建筑施工的特点有关。

（2）建筑施工中常见事故伤害。建筑施工中常见伤亡事故的类别是物体打击、车辆伤害、机械伤害、起重伤害、触电、高处坠落、坍塌、中毒和窒息、火灾和爆炸以及其他伤害。

根据历年来伤亡事故统计分类，建筑施工中最主要、最常见、死亡人数最多的事故有五类，即高处坠落、触电、物体打击、机械伤害、坍塌。这五类事故占建筑施工事故总数的86%左右，被人们称为建筑施工五大类伤亡事故。

44. 造成建筑施工伤亡事故的主要原因有哪些？

造成建筑施工伤亡事故的原因，有外部原因、内部原因、客观原因3个方面。

（1）外部原因。目前建筑市场尚不规范，有些业主片面压工期、压价，拖欠工程款，给施工企业增加负担，从而造成施工企业在安全生产上投入的资金严重不足；部分工程不按科学合理的工期施工，违背规律，随意确定竣工日期，使施工企业的安全管理无法按规章进行；有的业主随意肢解工程，总包单位没有对工程进行综合管理，施工现场杂乱无章。

（2）内部原因。一些施工企业片面追求经济效益，减少安全设施上的必要投入；有的企业以包代管现象严重，一包了之，缺乏必要的管理；有的企业在改革改制中削弱安全管理机构，减少安全管理人员，造成企业的安全管理力量不足、力度不够；有的企业不重视安全培训教育，缺乏对所聘用人员最基本的安全教育，违章指挥、违章操作、违反劳动纪律的现象普遍存在。上述种种原因造成建筑施工伤亡事故时有发生，给国家和人民生命财产造成损失，同时影响了社会稳定，影响了建筑业的社会形象。

（3）客观原因。建筑施工伤亡事故多，还有五方面客观原因。①高处作业多。按照国家标准《高处作业分级》（GB/T 3608—2008）的规定划分，建筑施工中有 90% 以上是高处作业。②露天作业多。一栋建筑物的露天作业约占整个工作量的 70%，易受春、夏、秋、冬不同气候以及阳光、风、雨、冰雪、雷电等自然条件的影响和危害。③手工劳动及繁重体力劳动多。建筑业大多数工种至今仍是手工操作，容易使人疲劳、注意力分散、误操作多，所以容易导致事故的发生。④立体交叉作业多。建筑产品结构复杂、工期较紧，必须多单位、多工种互相配合、立体交叉施工。如果管理不好、衔接不当、防护不严，就有可能造成互相伤害。⑤临时用工多。目前，在工地第一线作业的工人中，农民工占 50%~70%，有的工地甚至高达 95%。

以上原因决定了建筑工程的施工是一个危险性大、突发性强、容易发生伤亡事故的生产过程，因此，必须加强施工过程的安全管理，并严格按照安全技术措施的要求进行作业。

45. 建筑施工有哪些常见的高处坠落事故？

建筑施工常需要在高处作业，稍有不慎，容易引发高处坠落事故。高处坠落伤害是建筑业最常见的事故之一。防范坠落伤害，除高空作业施工现场必须设置应有的防坠落设施外，还应该提高个人防坠落意识。

（1）临边、洞口处坠落。一是无防护设施或防护不规范。例如，防护栏杆的高度低于 1.2 米，横杆仅有一道等；在无外脚手架及尚未砌筑围护墙的楼面边缘，防护栏杆柱无预埋件固定或固定不牢固。二是洞口防护不牢靠，洞口虽有盖板，但无防止盖板位移的措施。

（2）脚手架上坠落。发生此类事故的原因主要是搭设不规范，如相邻立杆（或大横杆）的接头在同一平面上，剪刀撑、连墙点任意设置等；架体外侧无防护网，架体内侧与建筑物之间的空隙无防护或防护不严；脚手板未满铺或铺设不严、不稳等。

（3）悬空高处作业时坠落。在安装或拆除脚手架、井字架（龙门架）、塔吊和在吊装屋架、梁板等高处作业时的作业人员，没有系安全带，也无其他防护设施或作业时用力过猛，身体失稳而坠落。

（4）在轻型屋里和顶棚上铺设管道、电线或检修作业中坠落。此类事故主要是作业时没有使用轻便脚手架，在行走时误踩轻型屋面板、顶棚面而坠落。

（5）拆除作业时坠落。发生此类事故的原因主要是作业时站在已不稳固的部位或作业时用力过猛，身体失稳，脚踩活动构件或绊跌而坠落。

（6）登高过程中坠落。发生此类事故的原因主要是无登高梯道，随意攀爬脚手架、井字架登高；登高斜道面板、梯级破损或被踩断；登高斜道无防滑措施。

（7）在梯子上作业坠落。发生此类事故的原因主要是梯子未放稳，人字梯两片未系好安全绳带；梯子在光滑的楼面上放置时，其梯脚无防滑措施，作业人员站在人字梯上移动位置而坠落。

46. 发生高处坠落事故后如何进行应急处置与救治？

当发生高处坠落事故后，抢救的重点应放在对休克、骨折和出血的处理上。

（1）颌面部伤员。首先应保持呼吸道畅通，摘除义齿，清除移位的组织碎片、血凝块、口腔分泌物等，同时松解伤员的颈、胸部纽扣。若舌已后坠或无法清除口腔内异物时，可用 12 号粗针头穿刺环甲膜，维持呼吸道畅通，尽可能早做气管切开。

（2）脊椎受伤伤员。用消毒的纱布或清洁布等覆盖伤口，用绷带或布条包扎。搬运时，将伤员平卧放在帆布担架或硬板上，以免受伤的脊椎移位、断裂造成截瘫，甚至导致死亡。抢救脊椎受伤员时，搬运过程严禁只抬伤员的两肩与两腿或单肩背运。

（3）手足骨折伤员。不要盲目搬动伤员，应用夹板把骨折位置临时固定，使断端不再移位或刺伤肌肉、神经或血管。固定方法：以固定骨折处上下关节为原则，可就地取材，用木板、竹片等。

（4）复合伤员。要求平仰卧位，保持呼吸道畅通，解开衣领扣。

（5）周围血管伤员。压迫伤部以上动脉至骨骼，直接在伤口上放置厚敷料，绷带加压包扎以不出血和不影响肢体血液循环为宜。

此外，需要注意的是，在搬运和转送伤员过程中，颈部和躯干不能前屈或扭转，而应使脊柱伸直，绝对禁止一个抬肩、一个抬腿的搬法，以免导致或加重截瘫。

47. 施工中有哪些常见的触电意外伤害？

在建筑施工作业中，若对电使用不当，缺乏防触电知识和安全用电意识，极易引发人身触电伤亡和电气设备事故。

（1）外电线路触电事故。此类事故主要是指在施工中碰触施工现场周边的架空线路而发生的触电事故。①脚手架的外侧边缘与架空线之间没有达到规定的最小安全距离，也没有按规范要求增设屏障、遮栏、围栏或保护网，在外电线路难以停电的情况下，违章冒险施工。在搭、拆钢管脚手架，或在高处绑扎钢筋、支搭模板等作业时发生此类事故较多。②起重机械在架空高压线下方作业时，塔吊大臂的最远端与架空高压电线间的距离小于规定的安全距离，作业时触碰裸线或集聚静电荷而造成触电事故。

（2）施工机械漏电造成事故。①建筑施工机械要在多个施工现场使用，不停地移动，环境条件较差（泥浆、锯屑污染等），带水作业多，如果保养不好，机械往往易漏电。②施工现场的临时用电工程没有按照规范要求做到"三级配电，两级保护"。有的工地虽然安装了漏电保护器，但选用保护器规格不当，违章使用大规格的漏电保护器，关键时刻起不到保护作用；有的工地没有采用 TN—S 保护系统；有的工地的施工人员不熟悉技术，迫于规范要求拉了五根线就算"三相五线"，工作零线（N）与保护零线（PE）混用，施工机具任意拉接，用电保护一片混乱。

（3）手持电动工具漏电。导致此类事故的原因主要是不按照《施工现场临时用电安全技术规范》（JGJ 46—2005）要求进行有效的漏电保护，作业人员（特别是带水作业人员）没有戴绝缘手套、穿绝缘鞋。

（4）电线、电缆的绝缘皮老化、破损及接线混乱造成漏电。有些施工现场的电线、电缆"随地拖、一把抓、到处挂"，乱拉、乱接线路，接线头不用绝缘胶布包扎；露天作业电气开关放在木板上而不用电箱，特别是移动电箱无门，任意随地放置；电箱的进、出线任意走向，接线处"带电体裸露"，不用接线端子板，"一闸多机"，多根导线接头任意绞、挂在漏电开关或熔丝上；移动机具使用插座接线时不用插头，使用小木条将电线头插入插座等。这些现象造成的触电事故是较普遍的。

（5）照明及违章用电。使用移动照明，特别是在潮湿环境中作业时，不使用安全电压；使用灯泡烘衣、袜等违章用电易造成事故。

48. 建筑施工中有哪些常见的物体打击意外伤害？

物体打击是指失控物体的惯性对人身造成的伤害，其中包括高处落物、滚击物及掉物、倒物等造成的伤害。在建筑施工中，物体打击伤害事故涵盖范围较广，对在高位的物体处置不当，容易出现物落伤人的事故。这类事故，往往问题发生在上边，受害的人则在下面。

建筑施工中常见的物体打击意外伤害如下：

（1）高处落物伤害。在高处堆放的材料超高、堆放不稳，造成材料散落；作业人员在作业时将断砖、废料等随手往地面扔掷；拆脚手架、井字架时，拆下的构件、扣件不通过垂直运输设备运往地面，而是直接往下扔；在同一垂直面、立体交叉作业时，上、下层间没有设置安全隔离层；起重吊装时材料散落（如吊运砖时未用砖笼，吊运钢筋、钢管时，吊点不正确、捆绑松动等），造成落物伤害事故。

（2）飞蹦物打击伤害。爆破作业时安全覆盖、防护等措施不周；工地调直钢筋时没有采取可靠的防护措施。例如，使用卷扬机拉直钢筋时，夹具脱落或钢筋被拉断，钢筋反弹击伤人；使用有柄工具时没有认真检查，作业时手柄断裂，工具头飞出击伤人等。

（3）滚物伤害。在基坑边堆物不符合要求，如砖、石、钢管等滚落到基坑、桩洞内造成基坑、桩洞内的作业人员受到伤害。

（4）从物料堆上取物料时，物料散落、倒塌造成伤害。物料堆放不符合安全要求，取料者图方便不注意安全。例如，使用自卸汽车运砖时，不码砖堆，取砖作业人员顺手抽取，往往使上面的砖落下造成伤害；长杆件材料竖直堆放，受震动倒下砸伤人；抬放物品时抬杆断裂等造成物击、砸伤事故。

49. 建筑施工中发生物体打击事故后如何进行应急救治?

建筑施工中,为了做好物体打击事故的应急处置,应在事前制定应急预案,建立健全应急预案组织机构,做好人员分工;在事故发生后做好应急抢救,如采取现场包扎、止血等措施,防止伤员流血过多造成死亡。还需要注意的是,日常应备有应急物资,如简易担架、跌打损伤药品、纱布等。

发生物体打击事故后,在应急处置中要注意以下几点:

(1)一旦有事故发生,首先要高声呼喊,通知现场安全员,马上拨打急救电话,并向上级领导及有关部门报告。

(2)发生物体打击事故后,尽可能不要移动伤员,尽量当场施救。抢救的重点应放在处理颅脑损伤、胸部骨折和出血上。

(3)发生物体打击事故后,应马上组织抢救伤员。首先观察伤员的受伤情况、部位、伤害性质。如伤员发生休克,应先处理休克。遇呼吸、心跳停止者,应立即进行人工呼吸、胸外心脏按压。对处于休克状态的伤员,要让其安静、保暖、平卧、少动,并将下肢抬高约 20°,尽快送医院进行抢救治疗。

如果出现颅脑损伤,必须维持呼吸道通畅,昏迷者应平卧,面部转向一侧,以防舌根下坠或吸入分泌物、呕吐物,发生喉阻塞。有骨折者,应初步固定后再搬运。遇有凹陷骨折、严重的颅底骨折及严重的脑损伤症状出现,应用消毒的纱布或清洁布等覆盖伤口,用绷带或布条包扎后,及时就近送有条件的医院治疗。

(4)重伤伤员应马上送往医院救治。在等待救护车的过程中,门卫要在大门口迎接救护车。要按预定程序处理事故，最大限度地减少人员和财产损失。

（5）如处在不宜施救的场所时，必须将伤员搬运到能够安全施救的地方。搬运时应尽量多找一些人来，观察伤员呼吸和脸色的变化，如果是脊柱骨折，不要弯曲、扭动伤员的颈部和身体，不要接触伤员的伤口，要使伤员身体放松，尽量将伤员放到担架或平板上进行搬运。

50. 发生施工机械意外伤害事故的主要原因有哪些?

施工机械意外伤害是指机械设备与工具引起的绞、辗、碰、割、戳、切等对人体的伤害。主要伤害形式如下：工件或刀具飞出伤人，切屑伤人，手或身体其他部位卷入，手或其他部位被刀具碰伤，被设备的转动机构缠住造成的伤害等。在建筑施工中，最为常见的施工机械意外伤害是搅拌机伤害以及刨木机伤害，搅拌机伤害往往可以致死，刨木机伤害通常会造成人员重伤或轻伤。根据统计，发生机械伤害事故的原因中，人的不安全行为导致的事故占机械伤害事故总数的 55% 以上，机械的不安全状态导致的事故约占机械伤害事故总数的 45%。

造成施工机械意外伤害的主要原因如下：

（1）违章指挥。施工指挥者指派未经安全知识和技能培训合格的人员从事机械操作；为赶进度不执行机械保养制度和定机定人责任制度，指挥"歇人不停机"；使用报废机械。

（2）违章作业。操作人员为图方便，有章不循，违章作业。例如，在使用混凝土搅拌机加料时，不挂保险链；擅自拆除砂浆机加料防护栏；木工平刨机无护指安全装置；起重机械拆除力矩限制器后使用；在机械运转时进行擦洗、修理；非机械工擅自启动机械操作。

（3）不使用或不正确使用个人劳动保护用品。例如，戴手套进行车床等旋转机械作业，钢筋焊接作业时穿化纤服装等。

（4）没有安全防护和保险装置或装置不符合要求。例如，机械外露的转（传）动部位（如齿轮、传送带等）没有安全防护罩，圆盘锯无防护罩、分料器、防护挡板，塔吊的限位、保险不齐全或虽有却失效。

（5）机械不安全状态。例如，机械带"病"作业，机械超负荷使用，使用不合格的机械或报废机械。

51. 发生施工机械意外伤害事故后应怎样进行应急处置？

发生施工机械意外伤害事故后，急救步骤如下：首先要分离产生伤害的物体，使伤员呼吸道畅通，止住出血和防止休克；其次是处理骨折；最后处理一般伤口。

当伤员一次出血量达全身血量的 1/3 以上时，生命就有危险。因此，及时止血是非常重要的。可用现场物品如毛巾、纱布、工作服等立即采取止血措施。如果创伤部位有异物且不在重要器官附近，可以拔出异物，处理好伤口，如无把握就不要随便将异物拔掉，应由医务人员来检查、处理，以免伤及内脏及较大血管，造成大出血。

52. 施工坍塌意外伤害的主要原因有哪些？

坍塌是指建筑物、构筑物、堆置物倒塌以及土石塌方引起的事故。在建筑业中经常会遇到坍塌事故，如接层工程坍塌、纠偏工程坍塌、交付使用工程坍塌、在建工程整体坍塌、改建工程坍塌、在建工程局部坍塌、脚手架坍塌、平台坍塌、墙体坍塌、土石方作业坍塌、拆除工程坍塌等。

由于坍塌的过程发生于一瞬间，来势凶猛，现场人员往往难以及时撤离，不能撤离的人员会随着坍塌物体的变动而引发坠落、物体打击、挤压、掩埋、窒息等严重后果。如果现场有危险物品存在，还可能引发着火、爆炸、中毒、环境污染等灾害。在抢救过程中，如缺乏应有的防护措施，还易出现再次、多次坍塌，增加人员伤亡，容易发生群死群伤事故。近年来，随着高层、超高层建筑物的增多，基坑的深度越来越深，坍塌事故数量也呈现出上升趋势。

造成坍塌事故的主要原因如下：

（1）基坑、基槽开挖及人工扩孔桩施工过程中的土方坍塌。坑槽开挖没有按规定放坡，基坑支护没有经过设计或施工时没有按设计要求支护；支护材料质量差导致支护变形、断裂；边坡顶部荷载大（如在基坑边沿堆土、砖石等，土方机械在边沿处停靠）；排水措施不通畅，造成坡面受水浸泡产生滑动而塌方；冬春之交破土时，没有针对土体胀缩因素采取护坡措施。

钢筋混凝土楼板刚浇筑不久，未达到应有的强度，不要往上搬东西，容易造成坍塌。

（2）楼板、梁等结构和雨篷等坍塌。工程结构施工时，在楼板上面堆放过多物料，使荷载超过楼板的设计承载力而断裂；刚浇筑不久的钢筋混凝土楼板未达到应有的强度，为赶进度即在该楼板上面支搭模板浇筑上层钢筋混凝土楼板造成坍塌；过早拆除钢筋混凝土楼板、梁构件和雨篷等的模板或支撑，因混凝土强度不够而造成坍塌。

（3）房屋拆除坍塌。随着城市建设的迅速发展，拆除工程增多，然而专业队伍力量薄弱，管理尚不到位，拆除作业人员素质低，拆除工程不编制施工方案和技术措施，盲目蛮干，野蛮施工，易造成墙体、楼板等坍塌。

（4）模板坍塌。模板坍塌是指用扣件式钢管脚手架、各种木杆件或竹材搭设的高层建筑楼板的模板，因支撑杆件刚性不够、强度低，在浇筑混凝土时失稳造成模板上的钢筋和混凝土塌落的事故。模板支撑失稳的主要原因是没有进行设计计算，也不编制施工方案，施工前也未进行安全交底。特别是混凝土输送管路，往往附着在模板上，输送混凝土时产生的冲击和振动更加速了支撑的失稳。

（5）脚手架倒塌。脚手架倒塌的原因主要是没有认真按规定编制施工方案，没有采取安全技术措施和执行验收制度。架子工属特种作业人员，必须持证上岗。但目前，架子工文化水平普遍较低，安全技术素质不高，专业性施工队伍少。竹脚手架所用的竹材有效直径普遍达不到要求，搭设不规范，特别是相邻杆件接头、剪刀撑、连墙点的设置不符合安全要求，易造成脚手架失稳倒塌。

（6）塔吊倾翻、井字架（龙门架）倒塌。塔吊起重钢丝绳或平衡臂钢丝绳断裂可使塔吊倾翻，轨道沉陷及下班时未用夹轨钳夹紧轨道，夜间突起大风可造成塔吊出轨倾翻。塔吊倾翻的另一个原因是在安装或拆除时，没有制定施工方案，不向作业人员交底。井字架（龙门架）倒塌的主要原因是基础不稳固；稳定架体的缆风绳或搭、拆架体时的临时缆风绳不使用钢丝绳，甚至使用尼龙绳；附墙架使用竹、木杆并采用铅丝等绑扎；井字架与脚手架连在一起等。

53. 发生施工坍塌事故后如何进行应急处置？

建筑施工中发生坍塌事故后，人们一时难以从倒塌的惊吓中恢复过来，被埋压的人众多，现场混乱失去控制，火灾和二次倒

塌危险处处存在，均会给现场的抢险救援工作带来极大的困难。同时，坍塌事故可能造成建筑内部燃气、供电等设施毁坏，导致火灾的发生，尤其是化工装置等构筑物倒塌事故，极易形成连锁反应，引发有毒气（液）体泄漏和爆炸燃烧事故。在建筑物整体坍塌的现场，废墟堆内建筑构件纵横交错，将遇险人员深深地埋压在废墟里面，给人员救助和现场清理带来极大的困难；在建筑物局部坍塌的现场，虽然遇险人员数量较少，但楼内通道的破损和建筑结构的松垮也会对救援工作的顺利进行造成一定的困难。

建筑施工中发生坍塌事故之后，在应急处置上需要注意以下几点：

（1）摸清情况，及时报告。应及时了解和掌握现场的整体情况，并向上级领导报告。同时，根据现场实际情况，拟定倒塌救援实施方案，在现场实行统一指挥和管理。

（2）设立警戒，疏散人员。倒塌发生后，应及时划定警戒区域，设置警戒线，封锁事故路段的交通，隔离围观群众，严禁无关车辆及人员进入事故现场。

（3）迅速开展侦查。派遣搜救小组进行搜救，对如下几个重要问题进行询问和侦查：①倒塌部位和范围，可能涉及的受害人数；②受害人或现场失踪人可能所处的位置；③受害人存活的可能性；④展开现场施救需要的人力和物力方面的帮助；⑤倒塌现场的火情状况；⑥现场二次倒塌的危险性；⑦现场可能存在的爆炸危险性；⑧现场施救过程中其他方面潜在的危险性。

（4）切断气、电和自来水源，并控制火灾或爆炸。建筑物倒塌现场到处可能缠绕着拉断的带电电线电缆，随时威胁着被埋压人员和施救人员的安全；从断裂的燃气管道泄漏出的气体既会形成爆炸性气体混合物，又会增强现场火灾的火势；从断裂的供水管道流出的水能很快将地下室或现场低洼的坍塌空间淹没。因此，要请当地供电、供气、供水部门的检修人员立即赶赴现场，通过关断现场附近的局部总阀或开关消除危险。

（5）现场清障，开辟进出通道。迅速清理进入现场的通道，在现场附近开辟救援人员和车辆集聚空地，确保现场拥有一个急救场所和一条供救援车辆进出的通道。

（6）搜寻在倒塌废墟内部空隙的存活者。完成对在倒塌废墟表面受害人的救援后，应立即实施倒塌废墟内部受害人的搜寻，因为在有火灾的倒塌现场，烟火同样会很快蔓延到各个生存空间。搜寻人员最好携带一支水枪，以便及时驱烟和灭火。

（7）清除局部倒塌物，实施局部挖掘救人。清除现场废墟上的倒塌物可能触动那些承重的不稳定构件引起现场的二次倒塌，使被压埋人员再次受伤，因此清理局部倒塌物之前，要制定初步的方案，行动要极其细致谨慎，要尽可能地选派有经验或受过专门训练的人员承担此项工作。

（8）倒塌废墟的全面清理。在确定倒塌现场再无被埋压的生存者后，才允许进行倒塌废墟的全面清理工作。

54. 施工坍塌事故抢救行动应注意哪些事项？

面对施工坍塌事故，在抢救行动中需要注意以下事项：

（1）调派救援力量及装备要一次性到位，及时要求公安、医疗救护等部门到场协助救援。成立现场救援指挥部，实施统一指挥，严密制定救助方案，相关部门各司其职，协同作战。

（2）当伴随有火灾发生时，救人、灭火应同时进行。

（3）救援人员要注意自身的行动安全，不应进入建筑结构已经明显松动的建筑内部；不得登上已受力不均匀的阳台、楼板、房屋等部位；不准冒险钻入非稳固支撑的建筑废墟下面。实施倒塌现场的监护，严防倒塌事故再次发生。

（4）为尽可能抢救遇险人员的生命，抢救行动应按照先易后难、先救人后救物、先伤员后尸体、先重伤员后轻伤员的原则进行。救援初期，不得直接使用大型铲车、吊车、推土机等施工机械车辆清除现场。对身处险境、精神几乎崩溃、情绪显露恐惧者，要鼓励、劝导和抚慰，增强其生存的信心。在切割被救者上面的构件时，要防止火花飞溅伤人，减轻震动伤痛。对于一时难以抢救出来的人员，视情况喂水、供氧、清洗、撑顶等，以减轻被救者的痛苦，改善险恶环境，提高其生存概率。

对于可能存在毒气泄漏的现场，救援人员必须佩戴空气呼吸器，穿防化服；使用切割装备破拆时，必须确认现场无易燃、易爆物品。

第4章
煤矿生产意外伤害与应急处置

55. 我国煤矿生产与作业环境有哪些特点?

煤炭是我国重要的基础能源和工业原料。近年来,在我国总的能源消费结构中,煤炭约占2/3,其余为石油、天然气及电力。煤矿大体分为两类,一类是露天煤矿,另一类是井工煤矿(即地下煤矿)。我国煤矿大多属于地下开采的井工煤矿,开采时危险性较高,其产量约占煤矿总产量的97%。

(1)煤矿井下的作业环境。煤矿井下作业工作场所潮湿、阴暗而且狭窄,开采技术复杂,生产环节较多,受水、火、瓦斯、煤尘、顶板等多种灾害的威胁,不安全因素多。并且由于煤层赋存不稳定,地质构造复杂多样,可伴随产生各种各样的地质灾害,如煤尘爆炸危险、自然发火、水害危险等,某些矿井还有冲击地压、岩爆、矿震和高温危害。

　　煤矿井下的作业环境比地面机械生产车间等场所的工作环境要艰苦得多，地方小煤矿尤为突出，具体表现如下：劳动强度大，一般矿井采掘工纯工作 8 小时，在井下就需 10 小时左右；没有阳光照射；上下、前后、左右每时每刻都要受到安全威胁，还有矿尘、煤尘、炮烟等存在；呼吸新鲜空气需要通风解决；井下的温度、湿度、空气质量等条件恶劣。

　　另外，井下作业危险系数也较高。一是生产工艺复杂，采煤、掘进、机电、运输、通风、排水等任何一个工种、任何一道工序、任何一个系统和环节出了问题都可能酿成事故。二是瓦斯、煤尘爆炸，水、火灾害和冒顶事故破坏性很大，严重的可导致矿毁人亡。三是机电操作、运输环节、施工材料等也时常发生事故或产生职业危害。例如，机械设备运转产生的噪声以局部通风机和风动凿岩机等尤为突出；施工中所用材料，如水泥和锚固剂等对人体有腐蚀和毒害作用；井下的泥水环境等，每时每刻都对人产生着伤害。

　　（2）煤矿农民工的特点。最近几年，农村劳动力大量转移，进入矿山、建筑等高风险、重体力劳动行业和领域。全国 550 万名煤矿职工中，农民工约占半数，主要在井下一线工作。小煤矿中几乎全部为农民工。因此，农民工的安全意识、操作技能，以及抵御各种灾害的能力直接影响着煤矿的安全、效益和发展。

　　据统计，在农民工中，文盲与半文盲占 7%，小学文化程度的占 29%，高中以上文化程度的仅占 13%。许多农民工是农闲进城打工，属于刚放下锄头即下井作业的粗放型劳动力，从事某项工作具有很大的随机性和流动性，不能全面掌握某项工作的专业知识。这些农民工即使参加安全、技术培训，也是似懂非懂，不知所云，技术水平很难提高，为其作业安全和人身安全埋下了隐患。正是因为农民工技术水平不高，对技术操作掌握不够熟练，许多事故的发生往往是农民工自身的"三违"（即违章指挥、违章操作、违反劳动纪律）造成的。一旦发生事故，农民工常常既是事故的受害者，又是事故的肇事者。

56. 发生煤矿事故应如何报告？

煤矿企业发生伤亡事故后，现场人员要立即将情况报告企业负责人或有关主管人员。煤矿负责人或有关主管人员接到事故信息后，必须向当地人民政府、煤炭管理部门和当地煤矿安全监察办事处（站）报告，并在 24 小时内写出事故快报报上述部门。

事故快报应当包括以下内容：矿井基本情况；事故发生的时间、地点、单位、伤亡人数、直接经济损失初步估计；事故简要经过；事故发生原因的初步判断；事故发生后采取的措施及事故控制情况。

57. 煤矿瓦斯的性质和特点有哪些？

瓦斯学名甲烷，化学分子式是 CH_4。矿井瓦斯是伴随煤炭生成的一种气体，其总量的 80%~90% 吸附在煤层里。但是在断层、孔洞和砂岩内，分布有游离瓦斯。如果瓦斯的压力较高，采掘工作接近这些地点时，瓦斯在压力的作用下就可能突然大量涌出，造成事故。

瓦斯是一种无色、无味的气体，人体感官很难鉴别空气中是否有瓦斯存在，必须使用专门的检测仪器。此外，瓦斯比空气轻，易在高处积存。

瓦斯难溶于水，但如果煤层中有较大的含水裂隙或有地下水通过时，经过漫长的地质年代，就能从煤层中带走大量瓦斯，降低煤层中的瓦斯含量。

瓦斯的扩散能力很强。瓦斯从某一地点向外涌出后，能很快在巷道中扩散。又由于分子直径很小，瓦斯具有很强的渗透能力，已封闭的采空区内的瓦斯仍能不断地渗透到矿井内空气中。

瓦斯无毒，但不能供人呼吸。当空气中的瓦斯浓度较高时，会相对降低空气中的氧含量，从而导致人窒息。同时，矿井瓦斯中含有的乙烷和丙烷还有轻微的麻醉性，矿井通风不良或不通风的煤巷中往往积存大量的瓦斯，人如果进入这些地点，能很快昏迷、窒息，甚至死亡。

瓦斯具有燃烧性和爆炸性。瓦斯与空气混合达到一定浓度后遇火能燃烧或爆炸。

瓦斯引燃有延迟性。瓦斯的热容量较大，当与高温火源接触时不会立刻发生燃烧，而是要经过一段时间才会燃烧，这种性质就叫瓦斯点燃的延迟性。间隔的这段时间为瓦斯爆炸感应期。感应期的长短与瓦斯浓度、火源温度和火源性质等有关。

58. 防止瓦斯爆炸的主要措施有哪些？

防止瓦斯爆炸的技术措施很多，主要有以下 3 个方面：防止瓦斯积聚，防止瓦斯被引燃，防止瓦斯爆炸事故扩大。其中，根本措施是防止瓦斯积聚和防止瓦斯被引燃。

（1）防止瓦斯积聚。加强通风是防止瓦斯积聚的根本措施；及时处理局部积存的瓦斯；在矿井瓦斯涌出量很大、一般的技术措施效果不佳的情况下，可采用抽放瓦斯的方法；对于井下易于积聚瓦斯的地方，要经常检查其浓度，发现瓦斯超限要及时处理。

（2）防止瓦斯被引燃。禁止携带烟草及点火工具下井。井下禁止使用电炉，井下和井口房内不准从事电焊、气焊和使用喷灯接焊等工作。如果必须使用，则须制定安全措施，并报上级批准。在瓦斯矿井，应选用矿用安全型、矿用防爆型或矿用安全火花型电气设备，并在使用中保持良好的防爆、防火花性能。电缆接头不准有"羊尾巴""鸡爪子""明接头"。停电停风时，要通知瓦斯检查人员检查瓦斯浓度。恢复送电前，要经过瓦斯检查人员检查后，才准许恢复送电工作。严格执行"一炮三检"制度。

59.发生煤矿瓦斯爆炸事故后应怎样进行应急处置？

煤矿井下一旦发生瓦斯爆炸事故，现场班队长、跟班干部要立即组织人员正确佩戴好自救器，引领人员按避灾路线到达最近的新鲜风流中，第一时间向矿调度室报告事故地点、现场灾难情况，同时向所在单位值班员报告。

安全撤离时要正确佩戴好自救器，快速撤离，不要慌乱，尽量低行。

如因爆炸破坏了巷道中的避灾路线指示牌而迷失了行进的方向，遇险人员应朝着有风流通过的巷道方向撤退。在撤退沿途和所经过的巷道交叉口，应留设指示行进方向的明显标志，以提示救援人员注意。

在撤退途中听到爆炸声或感觉到有空气震动冲击波时，应立即背向声音和气浪传来的方向，脸向下迅速卧倒，双手置于身体下面，闭上眼睛，头部要尽量放低。最好躲在水沟边上或坚固的掩体后面，用衣服遮盖身体的裸露部分，以防火焰和高温气体灼伤皮肤。

当唯一的出口被封堵无法撤退时，应有组织地进行灾区避灾，等待救援人员的营救。

在瓦斯爆炸事故中，永久避难硐室是遇险人员无法撤出或一时难以撤出灾区时，供遇险人员暂时避难待救的场所。永久避难硐室在瓦斯爆炸时能够起到较好的避灾效果，但由于空间比较狭小，容纳人员有限，且随着工作面的不断向前推进，避难硐室距离工作面也越来越远，因此，遇险人员在碰到瓦斯爆炸事故时很难及时到达避难硐室。

发生瓦斯爆炸事故后，遇险人员一时难以沿着避灾路线撤出灾区或难以迅速到达避难硐室时，应立即佩戴自救器，到附近的、掘进长度较长的、有压风管路且瓦斯爆炸前正常通风但事故时断电停风的掘进独头巷道内避灾，等待救援人员救援。

进入避难硐室前，应在硐室外留设文字、衣物、矿灯等明显标志，以便于救援人员实施救援。进入硐室后，开启压风自救系统，可有规律地间断敲击金属物、顶帮岩石，发出呼救联络信号，以引起救援人员的注意，指示所在的位置。

60. 处置瓦斯爆炸事故有哪些注意事项？

遇险人员要知道，佩戴自救器呼吸时会感到稍有些烫嘴，这是正常现象，不得取下口具和鼻夹，以防中毒。

救援人员在救援时必须佩戴呼吸器，必须侦查灾区有无火源，避免发生二次爆炸。

救援人员进入灾区探险或救人时要时刻检查氧气消耗量，保证有足够的氧气返回。

抢险救援期间不得停止井下压风，以保障灾区人员呼吸。

掘进工作面发生爆炸或火灾时，不可随意停止正在运转的局部通风机，不得随意启动已停运的局部通风机。

61. 煤矿火灾事故有哪些类型？

煤矿井下为封闭空间，火灾产生的有毒有害气体会随风流扩散，扩大灾害范围。同时，井下空间狭窄，给灭火带来极大的困难。因此，矿井火灾是煤矿重大灾害之一。矿井火灾按照发火原因的不同可分为内因火灾和外因火灾。

（1）内因火灾。内因火灾是由煤炭自燃引起的火灾。煤炭之所以能发生自燃，是因为煤炭具有吸收氧气的能力。当煤炭被破碎后或煤层本身裂隙发育时，煤体表面积大大增加。在此情况下，空气中的氧会与之发生氧化反应并放出一定的热量。如果氧化生成的热量不能及时散发，又会加速煤炭的氧化，放出更多的热量。

这样恶性循环下去，一旦煤体温度达到其自燃点，煤炭就会发生自燃。

内因火灾的发火地点一般比较隐蔽，不易被发现，灭火困难。从以往经验看，煤炭自燃一般经常发生在有大量遗煤而未及时封闭或封闭不严的采空区内，以及废弃的联络巷和停采线处；巷道两侧和遗留在采空区内受压破坏的煤柱；巷道内堆积的浮煤或煤巷的冒顶、垮帮等处。

（2）外因火灾。外因火灾是由外来火源引起的火灾。造成外因火灾的主要原因如下：①由明火引起矿井火灾，如井下吸烟、井下使用电（气）焊、井下使用电炉和大灯泡取暖等引起易燃物着火；②电气故障引起矿井火灾，如电流短路产生的弧光、电火花、电缆放炮、设备过载运行导致设备发热等引起的火灾；③井下违章爆破引起矿井火灾，如使用变质炸药，井下放糊炮、放明炮和明火放炮，以及井下爆破不使用水炮泥、炮眼封泥量不足等都会引起火灾；④瓦斯煤尘爆炸产生的高温引起矿井火灾；⑤撞击火花、摩擦生热等也会引起矿井火灾。

外因火灾的特点是发生突然，来势凶猛，且发生的时间与地点往往出乎人们的意料，会使人们惊慌失措而酿成恶性事故。同时，煤炭燃烧会产生一氧化碳、二氧化碳、二氧化硫、烟尘等有毒有害气体；井下坑木、橡胶类物品、聚氯乙烯制品等燃烧时也会产生一氧化碳气体，以及醇类、醛类和其他一些复杂的有机化合物等有毒有害气体。这些气体会随风流在井下扩散，有时会波及很大的范围甚至全矿井，造成大量人员中毒伤亡。据国内外统计资料，在矿井火灾事故中95%以上的遇难人员死于有毒气体中毒。

煤矿火灾易引起瓦斯、煤尘的爆炸。火灾引起瓦斯、煤尘爆炸的原因，一是火灾为瓦斯、煤尘爆炸提供了引爆火源。二是由于火灾的作用，一些燃烧物在干馏的作用下会释放出一些可燃性和可爆性气体，增加了爆炸的危险性。所以，矿井火灾与瓦斯、煤尘爆炸，互为作用，互相转化。

在由明火引起的矿井火灾中，最需要注意的就是井下吸烟。吸烟本来是人们日常生活中极为平常的小事，但如果在矿井下吸烟，就有可能引发事故。如果矿井内瓦斯积聚过量，吸烟就会引起瓦斯燃烧爆炸，不仅会伤害自己，也会伤害他人。在井下吸烟导致瓦斯爆炸的事故案例很多，教训深刻。

62. 发生煤矿井下火灾后如何进行应急处置?

在煤矿井下,无论任何人发现了烟雾或明火,确认发生了火灾,要立即报告调度室。火灾初起时是灭火的最佳时机,如果火势不大,应立即进行直接灭火,切不可惊慌失措,四处奔跑。

灭火时要有充足的水量,从火源外围逐渐向火源中心喷射水流;要保持正常通风,并要有畅通的回风通道,以便及时将高温气体和蒸汽排除;用水灭电气设备火灾时,首先要切断电源;不宜用水扑灭油类火灾;灭火人员不准在火源的回风侧,以免烟气伤人。

如果火势较大无法扑灭,或者其他地区发生火灾接到撤退命令时,要组织避灾和进行自救。此时要迅速戴好自救器,有组织地撤退。处在火源上风侧的人员,应逆着风流撤退。处在火源下风侧的人员,如果火势小,越过火源没有危险时,可迅速穿过火区到火源上风侧;或顺风撤退,但必须找到捷径,尽快进入新鲜风流中撤退。撤退时应迅速果断,忙而不乱,同时要随时注意观察巷道和风流的变化情况,谨防火风压可能造成的风流逆转。

如果巷道已有烟雾但不大时,要戴好自救器(无自救器或自救器已超过有效使用时间时,应用湿毛巾捂住口、鼻),尽量躬身弯腰,低头快速前进;烟雾大时,应贴着巷道底和巷道壁,摸着铁道或管道快速爬出,迅速撤离。一般情况下不要逆着烟流方向撤退。在有烟且视线不清的情况下,应摸着巷道壁、支架、管道或铁道前进,以免错过通往新风流的连通出口。

在高温浓烟巷道中撤退时,应将衣服、毛巾打湿或向身上淋水进行降温，利用随身物品遮挡头面部，防止高温烟气刺激等。万一无法撤离灾区时，应迅速进入避难硐室，或者就近找一个硐室或其他较安全地点进行避灾自救，等待救援。

如因火灾破坏了巷道中的避灾路线指示牌而迷失了行进的方向时，应朝着有风流通过的巷道方向撤退。在撤退沿途和所经过的巷道交叉口，应留设指示行进方向的明显标志，以提示救援人员的注意。

当唯一的出口被封堵无法撤退时，应在现场管理人员或有经验的老工人的带领下进行灾区避灾，以等待救援人员的营救。进入避难硐室前，应在硐室外留设文字、衣物、矿灯等明显标志，以便于救援人员及时发现，前往营救。入硐室后，开启压风自救系统，可采取有规律地敲击金属物、顶帮岩石等方法，发出呼救联络信号，以引起救援人员的注意，指示所在的位置。积极开展互救，及时处理受伤和窒息人员。

63. 煤矿火灾事故后怎样进行现场救护？

煤矿进风井口、井筒、井底车场、主要进风道和硐室发生火灾时，为抢救井下人员，应采取反风或风流短路措施。反风前，必须将原进风侧的人员撤出，并采取阻止火势蔓延的措施。采取风流短路措施时，必须将受影响区域内的人员全部撤离。多台主要通风机联合通风的矿井反风时，抽出式矿井要保证非事故区域的主要通风机先反风，事故区域的主要通风机后反风；压入式矿井正好相反。瓦斯矿井应采取正常通风，如必须反风或风流短路时，指挥部应分析反风或风流短路后风流中瓦斯的变化情况，防止引起瓦斯爆炸。

进风的下山巷道着火时，必须采取防止火风压造成风流紊乱和风流逆转的措施。改变通风系统和通风方式时，必须有利于控制火风压。灭火中只有在不致使瓦斯很快积聚到爆炸危险浓度，且能使人员迅速退出危险区时，才能采取停止通风的方法。

用水或注浆的方法灭火时，应将回风侧人员撤出。向火源大量灌水或从上部灌浆时，严禁靠近火源地点作业。用水快速淹没火区时，密闭附近不得有人。

为使遇险人员能够在火灾紧急条件下迅速脱离危险，煤矿企业都须做好以下准备：编制井下各工作点火灾逃生路线图，并组

织井下作业人员学习井下火灾逃生路线和方案；井下作业人员必须携带自救器，并掌握其佩戴方法；井下每隔一定距离配备一定的突发性火灾灭火设备、通风和通信联络装备；调度室工作人员应掌握火灾应急逃生、救灾知识，以便接到火灾求助电话时能在第一时间向遇险人员提供正确的逃生方案。

64. 煤矿发生透水事故的主要原因是什么？

煤矿透水事故是煤矿生产中发生较为频繁的重大灾害事故。特别是近几年来，我国煤矿透水事故有增无减，严重威胁着广大矿工的生命安全。

造成矿井透水的主要水源为地表水、地下含水层、老空水、断层导水、岩溶陷落柱水等。矿井发生透水事故的原因，归纳起来主要有3个方面：一是自然因素，二是技术原因，三是人为因素。

（1）自然因素。我国大多数煤矿水文地质条件极为复杂，可预见的与不可预见的水文地质构造较多。特别是我国石炭纪地质年代生成的煤田，其煤系地层的底部是奥陶纪充水石灰岩，它厚度大（800米左右）、含水丰富、压力高，一旦发生透水，必然造成恶性事故。另外，我国煤炭开采历史悠久，煤田中古窑、小井星罗棋布，且又无史料记载，现代勘察难以掌握其准确位置，煤矿生产中一旦打通它们，很可能造成事故。

（2）技术原因。我国煤矿开采起源较早，但真正的发展还是新中国成立以后，特别是改革开放以后，我国的煤矿开采才得到了迅速发展。不能不看到，我国煤矿整体技术水平并不高，甚至还很低。特别是一些乡镇煤矿，仍在使用原始的开采方法生产，不仅生产落后，安全也无保障。一些煤矿不具备防治水技术，甚至连基本的防治手段都不具备，不懂什么叫"超前预防"，只会"兵来将挡，水来土掩"，遇到复杂情况则更难以应对。

（3）人为因素。人的行为是导致矿井发生透水事故的重要原因之一。人们对透水事故的认识程度不够；从业人员技术水平不高；经营者只顾眼前利益，乱采乱掘，忽视安全，防治水投资不足；从业人员以及管理人员不懂透水事故的规律，不知透水预兆，有的即便发现了透水预兆，但存有侥幸心理，冒险作业等，这些都是造成矿井透水事故的原因。

65. 发生煤矿透水事故后如何进行应急处置？

井下一旦发生透水事故，应以最快的速度通知附近地区工作人员，一起按照规定的避灾路线撤出。现场班队长、跟班干部要立即组织人员按避水路线安全撤离到新鲜风流中。撤离前，应设法将撤退的行动路线和目的地告知调度室，到达目的地后再报调度室。

要特别注意"人往高处走"，切不可进入透水点附近下方的独头巷道。由于透水时，来势很猛，冲力很大，现场人员应立即避开出水口和泄水流，躲避到硐室内、巷道拐弯处或其他安全地点。如果情况紧急，来不及躲避时，可抓牢棚梁、棚腿或其他固定物，防止被水打倒或冲走。在存在有毒、有害气体危害的情况下，一定要佩戴自救器。

人员撤出透水区域后，应立即将防水闸门紧紧关死，以隔断水流。在撤退行进中，应靠巷道一侧，抓牢支架或其他固定物，尽量避开压力水头和泄水主流，要防止被流动的矸石、木料撞伤。如果巷道中照明和路标被破坏，迷失了前进方向，应朝有风流的上山方向撤退。在撤退沿途和所经过的巷道交叉口，应留设指示行进方向的明显标志。从立井梯子向上爬时，应有序行进，手要抓牢，脚要蹬稳。撤退中，如冒顶或积水已造成巷道堵塞，可找其他通道撤出。

当唯一的出口被封堵无法撤退时，应在现场管理人员或有经验的老师傅的带领下避灾，等待救援人员的营救，严禁盲目潜水等冒险行为。

当避灾处低于外部水位时，不得打开水管、压风管供风，以免水位上升。必要时，可设置挡墙或防护板，阻止涌水、煤矸和有害气体的侵入。避灾处外口应留衣物、矿灯等作为标志，以便救援人员发现。

重大透水事故的避难时间一般较长，应节约使用矿灯，合理安排随身携带的食物，保持安静，尽量避免不必要的体力消耗和氧气消耗，采用各种方法与外部联系。长时间避难时，避难人员要轮流担任岗哨，注意观察外部情况，定期测量气体浓度，其余人员应静卧保持体力。避难人员较多时，硐室内可留一盏矿灯照明，其余矿灯应关闭备用。在硐室内，可有规律地间断敲击金属物、顶帮岩石，发出呼救联络信号，以引起救援人员的注意，指示避难人员所在的位置。在任何情况下，所有避难人员都要坚定信心，互相鼓励，保持镇定的情绪。被困期间断绝食物后，即使在饥渴难忍的情况下，也应努力克制自己，不嚼食杂物充饥，尽量少饮或不饮不洁净的水。需要饮用井下水时，应选择适宜的水源，并用纱布或衣服过滤，以免造成身体损伤。

长时间避难后得救时，不可吃硬质和过量的食物，要避开强烈的光线，以免损伤眼睛。

66. 煤矿冒顶事故如何分类？怎样预防？

煤矿冒顶事故是指由地压引起巷道和采场的顶板垮落导致的事故。在煤矿井下生产过程中的五大自然灾害中，冒顶事故占的比例最大。世界主要产煤国家的统计资料表明，冒顶事故占井下事故总数的 50% 以上。煤矿井下冒顶事故频繁，危害十分严重，首先是威胁井下人员生命安全，其次是压垮工作面，造成全工作面停产，影响生产作业。

按照顶板一次冒落的范围及造成伤亡的严重程度，常见顶板事故可分为两大类：大冒顶和局部冒顶事故。在井下冒顶事故中，回采工作面冒顶事故最多（占冒顶总数的 75% 以上），其次是掘进工作面冒顶事项。

冒顶事故虽然发生率高、危害性大，但有针对性地采取措施，加强顶板的科学管理，绝大多数冒顶事故是可以预防的。因此，矿工在煤矿生产中，一定要坚持执行必要的制度，如敲帮问顶制度、验收支架制度、岗位责任制度、金属支架检查制度、交接班制度、顶板分析制度等，注意做好顶板管理工作，以防止和减少顶板事故的发生。

67. 发生冒顶事故后如何进行应急处置？

冒顶事故的发生一般是有预兆的。井下人员发现冒顶预兆，应立即进入安全地点避灾。如果来不及进入安全地点，要靠煤壁贴身站立（但应防止片帮），或到木垛处避灾。

发生冒顶事故后，现场班队长、跟班干部要根据现场情况，判断冒顶事故发生的地点、灾情、原因、影响区域，进行现场处置。如果无第二次大面积顶板动力现象，应立即组织对受困人员进行施救，防止事故扩大。

现场救援人员必须在保证巷道通风、后路畅通、现场顶帮维护好的情况下方可施救，施救过程中必须安排专人进行顶板观察、监护。当出现大面积来压等异常情况或当通风不良、瓦斯浓度急剧上升而有瓦斯爆炸危险时，必须立即撤离到安全地点，等待救援。

在巷道掘进施工时，应经常检查巷道支架、顶板情况，做好维护工作，防止前面施工、后面"关门"的堵人事故。一旦被堵，则应沉着冷静，同时维护好冒落处和避灾处的支护，防止冒顶进一步扩大，并有规律地向外发出呼救信号，但不能敲打威胁自身安全的物料和岩石，更不能在条件不允许的情况下强行挣扎脱险。若被困时间较长，则应减少体力消耗，节水、节食和节约矿灯用电。若有压风管，应用压风管供风，做好长时间避灾的准备。

抢救被煤和矸石埋压的人员时，要首先加固冒顶地点周围的支架，确保抢救中不再次冒落，并预留好安全退路，保证救援人员自身安全，然后采取措施。救人时，要首先清理遇险人员的口鼻堵塞物，畅通呼吸系统。禁止用镐刨煤、矸，小块用手搬，大块应采用千斤顶、液压起重气垫等工具，绝对不允许用锤砸。

应根据现场实际情况开展救助工作，在现场对轻伤者进行包扎，并将其抬放到安全地带；对骨折人员，不要轻易挪动，要先采取固定措施；对出血伤员，要先止血，等待救援人员到来。

除救人和处理险情等紧急需要外，一般不得破坏现场。

发生冒顶事故后，抢救人员时，用呼喊、敲击或采用生命探测仪探测等方法，判断遇险人员位置，与遇险人员保持联系，鼓励他们配合抢救工作。在支护好顶板的情况下，用掘小巷、绕道通过垮落区或使用矿山救护轻便支架穿越垮落区的方法接近被埋、被堵人员。一时无法接近时，应设法利用压风管路等提供新鲜空气、饮料和食物。

处理冒顶事故中，应指定专人检查瓦斯浓度和观察顶板情况，发现异常，立即撤出人员。

第5章
冶金企业意外
伤害与应急处置

68. 冶金企业生产的特点是什么？

冶金企业是我国国民经济重要的基础产业之一。我国冶金企业经过长期建设，目前已经形成由矿山、烧结、焦化、炼铁、炼钢、轧钢以及相应的铁合金、耐火材料、碳素制品制造和地质勘探、工程设计、建筑施工、科学研究等部门构成的完整工业体系。

冶金企业生产的主要特点是企业规模庞大，生产工艺流程长。从金属矿石的开采到产品的最终加工，需要经过很多工序，其中一些主体工序的资源、能源消耗量很大。我国冶金企业在发展中，由于传统生产工艺技术发展的局限性，多年来基本上延续以粗放生产为特征的经济增长方式，整体工艺技术和装备水平比较落后，人均生产效率较低，并且生产环境的污染影响也较为严重。同时，由于冶金企业生产工序繁多，工艺流程复杂，人员众多，安全管理工作任务繁重，保障人员安全健康的难度较大。

我国冶金行业经过长期建设，目前已经形成由矿山、烧结、焦化、炼铁、炼钢、轧钢以及相应的铁合金、耐火材料、碳素制品制造和地质勘探、工程设计、建筑施工、科学研究等部门构成的完整工业体系。

我国钢铁企业按其生产产品和生产工艺流程可分为两大类，即钢铁联合企业和特殊钢企业。钢铁联合企业的生产流程主要包括烧结（球团）、焦化、炼铁、炼钢、轧钢等生产工序，即长流程生产；特殊钢企业的生产流程主要包括炼钢、轧钢等生产工序，即短流程生产。钢铁联合企业中炼钢生产采用转炉炼钢或电炉炼钢，转炉炼钢以铁水为主要原料，电炉炼钢以废钢为主要原料；特殊钢企业中炼钢生产采用电炉炼钢，以废钢为原料。

69. 冶金企业事故有哪些特点？

冶金生产过程中的主要事故类型为煤气中毒，火灾和爆炸，高温液体喷溅、溢出和泄漏，电缆隧道火灾，煤粉爆炸等。

冶金企业规模大、人员众多，管理幅度和管理难度较大，易发生人员伤亡的重大安全事故，具有与其他行业企业明显不同的特点。

（1）伤亡事故发生的生产工序。冶金企业伤亡事故发生较多的生产工序依次如下：其他辅助生产，约占伤亡事故总数的27.5%；轧钢，约占伤亡事故总数的21%；其他部门，约占伤亡事故总数的14.2%；炼钢，约占伤亡事故总数的10.8%；矿山，约占伤亡事故总数的8%；炼铁，约占伤亡事故总数的7%。发生事故较少的生产工序依次如下：供热、氧气、燃气、铁合金、供电，五者约占伤亡事故总数的11.5%。

（2）伤亡事故发生的类别。冶金企业发生较多的事故类别依次如下：机械伤害和其他伤害，各约占事故总数的18%；物体打击，约占事故总数的16%；高处坠落，约占事故总数的14%；起重伤害，约占事故总数的11%；灼烫，约占事故总数的10%；提升、车辆伤害，约占事故总数的6%；触电，约占事故总数的2%；中毒和窒息，约占事故总数的2%；淹溺、火灾、坍塌、放炮、爆炸，约占事故总数的3%。

（3）伤亡事故发生的直接原因。冶金企业发生死亡和重伤事故的原因，主要是违反操作规程或劳动纪律，占死亡人数和重伤人数的60%左右。其次是对现场工作缺乏检查或指挥错误，占死亡人数和重伤人数的20%左右。除此之外，还有设备、设施、工具、附件有缺陷；生产场地环境不良；安全设施缺少或有缺陷；劳动组织不合理；教育培训不够，缺乏安全操作知识；技术和设计上有缺陷；劳动防护用品缺少或有缺陷；没有安全操作规程或规程有缺陷等因素。

（4）伤亡事故发生的时间。冶金企业死亡事故发生较多的月份在1月和6月，发生死亡事故较少的月份在2月、10月、11月。其他事故发生较多的月份在4月、5月、8月和12月。

70. 冶金企业生产中存在的主要职业危害有哪些?

冶金企业生产中存在的主要职业危害因素是高温、强辐射热、粉尘、一氧化碳等。

（1）高温和强辐射热。在冶金生产中，矿粉的加工烧结、炼焦、炼铁、炼钢、轧钢等每个环节都属高温作业，有的车间夏季温度比室外高15~20 ℃，易发生人员中暑；灼热的物体辐射出的大量红外线，易引起职业性白内障。

（2）粉尘危害。在矿石生产中，从井下开采、运输、破碎到选矿、混料、烧结等环节都有很高浓度的粉尘，在耐火材料加工、炼焦、炼钢的过程中也有大量粉尘产生，长期接触会发生尘肺，多为矽肺。

（3）一氧化碳中毒。煤气中一氧化碳含量为30%左右，故在接触煤气的岗位，如果不注意防护，就可能发生一氧化碳中毒。

（4）其他伤害。由于接触火焰、钢水、钢渣、钢锭的机会较多，容易发生烧灼伤；接触高温辐射的作业人员易发生火激红斑、色素沉着、毛囊炎及皮肤化脓等疾患；由于高温作用，肠道活动出现抑制反应，消化不良和胃肠道疾患增多，高血压的发生率也比一般工人多。

71. 冶金企业发生煤气泄漏应如何处置?

钢铁冶炼过程中会产生多种副产品煤气。其中，炼焦副产品为焦炉煤气，炼铁副产品为高炉煤气，炼钢副产品为转炉煤气，生产铁合金副产品为铁合金炉煤气。上述煤气被回收后可作为焦炉、热风炉、加热炉和发电锅炉的燃料，焦炉煤气还可作为民用燃气。由于煤气中含有大量易燃易爆、有毒有害物质，在生产、运输、储存和使用过程中，存在中毒、火灾和爆炸危险。

发生煤气泄漏时应按以下方法进行应急处置：

（1）关闭送气阀。事发单位发现煤气泄漏，应立即报告，操作人员按规程关闭送气阀门，打开紧急放散阀门进行减压。

（2）空气稀释。强制向泄漏区排风，疏散泄漏区煤气。

（3）检查抢修。工程抢险人员必须佩戴好防毒面罩，进入现场详细检查，找出原因；在确保安全的前提下，抢险抢修人员应迅速开展对泄漏点的抢修堵漏工作。

煤气泄漏较严重时，应迅速划分危险单元，组织治安队在目标单元周围 200 米范围内设立警戒线，严禁无关人员及车辆通过，查禁所有明暗火源。

现场应急指挥根据情况及时报告当地政府相关管理部门，请求外部支援，对处在危险区域内的所有人员进行紧急疏散。

72. 冶金企业发生人员煤气中毒时应如何处置？

（1）进入泄漏区的人员必须佩戴一氧化碳报警仪、氧气呼吸器。

（2）设置警戒区并进行监护，防止其他人员进入煤气泄漏区。

（3）救援人员要尽快让中毒人员离开中毒环境，并尽量让中毒人员静躺，避免活动后加重心、肺负担及增加氧的消耗量。

（4）事故现场杜绝任何火源。

（5）搜索后，要对在岗人员及参加抢险的人员进行人数清点，在人数不符的情况下搜救工作不能终止，直到点清全部人员。

（6）对泄漏点周围逐个地点进行搜索，特别是死角、夹道等不易引起注意的地方。

（7）应对警戒区域内的煤气含量进行检测，超过规定标准时警戒区不能撤销。

73. 冶金企业煤气泄漏引发火灾、爆炸时应如何处置？

煤气轻微泄漏引起着火，可用湿泥、湿麻袋堵住着火部位进行扑救和灭火，火焰熄灭后再按有关规定补好泄漏处。

直径小于100毫米的煤气管道着火时，可直接关闭阀门，切断气源灭火。

直径大于100毫米的煤气管道或煤气设备着火时，应向管道或设备内通入大量蒸汽或氮气，同时降低煤气压力，缓慢关小阀门但压力不得小于100帕，以防止回火引起爆炸，使事故扩大，待火焰熄灭后再彻底关闭阀门。

煤气管道或设备被烧红时，不得用水骤然冷却，以防管道或设备变形断裂。

当管道法兰、补偿器、阀门等处着火时，如果火势较小，可戴好呼吸器用就近备用的灭火器灭火；如果火势较大，无法用灭火器将火熄灭，可用消防车内的消防水冷却设备，同时向系统内通入蒸汽或氮气，逐渐关闭阀门，待火焰熄灭后彻底切断气源灭火。

当火灾发生时，事发危险区域要将警戒线扩大至300~500米范围，防止他人误入危险区。事故隐患未彻底消除，安全警戒不得解除。

当发生煤气爆炸事故，在查明事故原因和采取必要的安全措施前，不得向煤气设施复送煤气。

74. 冶金企业发生高温液体喷溅意外伤害时应如何处置?

冶金生产过程中的高温液体具有温度高、热辐射很强的特性，如铁水、钢水、钢渣、铁渣的温度往往在1 250~1 670 ℃。高温液体易喷溅，对危险范围内的作业人员极易造成灼伤。据有关资料统计，灼伤约占炼钢厂总伤害的1/4，居各种伤害的第2位。

高温液体发生喷溅、溢出或泄漏时，除了可能直接对人员造成灼烫伤害外，还潜藏着发生爆炸的严重危害，并可能诱发其他二次伤害或事故，给企业造成巨大损失。

（1）发生高温液体喷溅时可采取的处置措施如下：

1）人员身上着火，严禁奔跑，相邻人员要帮助灭火。

2）心跳、呼吸停止者，应立即进行心肺复苏。

3）面部、颈部深度烧伤及出现呼吸困难者，应迅速送往医院并设法做气管切开手术。

4）非化学物质的烧伤创面，不可用水淋，不要弄破创面水疱，以免创面感染。

5）用清洁纱布等盖住创面，以免感染。

6）如果伤员口渴，可饮用盐开水，不可喝生水及大量白开水，以免引起脑水肿及肺水肿。

7）严重灼伤者，争取在出现休克之前，迅速送医院医治。

8）送伤员前，尽可能提前通知医院做好抢救准备。

（2）发生高温液体溢出、爆炸时可采取的处置措施如下：

1）凡发生高温液体溢流，应立即停止作业。危险区内严禁有人。

2）发生漏铁、漏钢事故时，要将剩余铁水、钢水倒入备用罐。

3）高温液体溢流至地面遇乙炔瓶、氧气瓶等易燃易爆物品时，如不能及时搬走，要采取降温措施。

4）溢流、泄漏至地面的铁水、钢水在未冷却之前，不能用水扑救，以防止水分解后引起爆炸。

5）高温液体溢出或泄漏诱发火灾时，不能用水扑救，一般采用干粉灭火器灭火。

6）一旦诱发了火灾、爆炸等二次事故，应立即设置警戒区，禁止人员进入。

75.冶金企业发生火灾爆炸意外伤害时应如何处置?

在冶金企业生产过程中,特别是煤粉制备、输送与喷吹过程中,可能发生火灾、爆炸、中毒、窒息、建筑物坍塌等事故。密闭生产设备中发生的煤粉爆炸事故可能发展成为系统爆炸,摧毁整个烟煤喷吹系统,甚至危及高炉;抛射到密闭生产设备以外的煤粉可能导致二次粉尘爆炸和次生火灾,扩大事故危害。

(1)发生火灾爆炸事故的处置措施如下:

1)指定专人维护事故现场秩序,指导救援人员进入事故现场,阻止无关人员进入事故现场,严防二次伤害。

2)认真保护事故现场,凡与事故有关的物体、痕迹、状态,不得破坏。为抢救受伤者需要移动某些物体时,必须做好标记。

3）根据实际需要，立即对受伤人员实施现场救护，如心肺复苏、外伤包扎等，同时应迅速联系专业救护人员。

4）及时收集现场人员位置、数量信息，准确统计伤亡情况，防止其他人员受困或被遗漏。

5）及时切断与运行设备的联系，保障其他设备安全运行。如果是在有压力容器的部位发生火灾，要及时隔离，严防引发压力容器爆炸事故。

6）确定事故状态对周边相关动力管网的影响情况，采取安全防范措施。

7）转移易燃、易爆等危险品，运用隔离设施严防烧、摔、砸、炸、窒息、中毒、高温、辐射等对救援人员造成伤害。

（2）对烧伤人员的应急处置与救治。当发生热物体灼烫伤害事故时，事发单位应首先了解情况，及时抢修设备，进行堵漏，并使伤员迅速脱离热源，然后用自来水冲洗或浸泡烫伤部位。不要给烫伤创面涂有颜色的药物如紫药水，以免影响对烫伤深度的观察和判断，也不要将牙膏、油膏等物质涂于烫伤创面，以减少创面感染的机会，减少就医时处理的难度。如果出现水泡，不要将泡皮撕去，避免感染。简单救治后应及时将伤员送往医院救治。

第6章
化工企业意外
伤害与应急处置

76. 化工企业生产的主要特点有哪些?

化工企业生产具有易燃、易爆、易中毒、高温、高压、易腐蚀等特点,与其他行业相比,生产过程中潜在的不安全因素更多,危险性和危害性更大,因此对安全生产的要求也更加严格。目前,随着化工生产技术的发展和生产规模的扩大,企业安全已经不再局限于企业自身,一旦发生有毒有害物质泄漏,不但会造成生产人员中毒伤害事故,导致生产停顿、设备损坏,并且还有可能波及社会,造成其他人身中毒或伤亡,产生无法估量的损失和难以挽回的影响。

化工企业运用化学方法从事产品的生产,生产过程中的原材料、中间产品和产品大多数都具有易燃易爆的特性,有些化学物质对人体存在着不同程度的危害。与其他行业企业生产不同，化工企业生产较容易发生泄漏、火灾、爆炸等事故，而且事故一旦发生，常常造成群死群伤的严重后果。

（1）生产原料具有特殊性。化工企业生产使用的原材料、半成品和成品，种类繁多，并且绝大部分是易燃易爆、有毒有害、有腐蚀性的危险化学品。这不仅对生产过程中原材料、燃料的使用、储存和运输提出了较高的要求，而且对中间产品和成品的使用、储存和运输也提出了较高的要求。

（2）生产过程具有危险性。在化工企业的生产过程中，所要求的工艺条件严格甚至苛刻，有些化学反应在高温、高压下进行，有的要在低温、高真空度下进行。在生产过程中稍有不慎，就容易发生有毒有害气体泄漏、爆炸、火灾等事故，酿成巨大的灾难。

（3）生产设备、设施具有复杂性。化工企业的一个显著特点，就是各种各样的管道纵横交错，大大小小的压力容器遍布全厂，生产过程中需要经过各种装置、设备的化合、聚合、高温、高压等程序，生产过程复杂，生产设备、设施也复杂。大量设备、设施的应用，降低了操作人员的劳动强度，提高了生产效率，但是设备、设施一旦失控，就会造成各种事故。

（4）生产方式具有严密性。目前的化工生产方式已经从过去落后的坛坛罐罐的手工操作、间断生产，转变为高度自动化、连续化生产；生产设备由敞开式变为密闭式；生产装置从室内走向露天；生产操作由分散控制变为集中控制，同时也由人工手动操作变为仪表自动操作，进而发展为计算机控制。这就进一步要求严格周密，不能有丝毫的马虎大意，否则就会导致发生事故。

随着化学工业的发展，其生产的特点不仅不会改变，反而会由于科学技术的进步而进一步强化。因此，化工企业在生产和其他相关过程中，必须有针对性地采取积极有效的措施，加强安全管理，防范各类事故的发生，保障安全生产。

77. 化工生产事故的特点是什么？

化工生产事故有以下突出特点：一是大量化学物质意外排放或泄漏造成的伤亡极其惨重，损失巨大。二是化工生产事故损害具有多样性，即事故不仅会造成人员的死亡，还能够对人员各器官系统造成暂时性或永久性的功能或器质性损害；可以是急性中毒，也可以是慢性中毒；不但影响本人，也有可能影响后代；可以致畸，也可以致癌。三是化工生产事故由于各种毒物分布广、事故多，因而污染严重，环境被污染后，彻底消除影响十分困难。四是化工生产事故不受地形、气象和季节影响，无论企业大小、气象条件如何，也无论春夏秋冬，事故随时随地都有可能发生。五是化学物质种类多，目前统计有 5 000~10 000 种，因而当事故发生后，迅速确定是哪种物质引起的伤害十分困难，这对事故发生后的应急救援不利。

由于各种原因，在危险化学品生产、运输、仓储、销售、使用和废弃物处置等各个环节都出现过许多重特大事故，给人民的生命财产造成严重的损失。

78. 化工企业常见事故原因有哪些?

化工企业常见事故原因,与化工企业的生产特点、生产过程所存在的危险性直接相关。

(1)直接事故原因。一是机械、物质或环境的不安全状态,如防护、保险、信号等装置缺乏或有缺陷,设备、设施、工具、附件有缺陷,劳动防护用品、用具缺少或有缺陷,生产(施工)场地环境不良等。二是人的不安全行为,如操作错误造成安全装置失效,使用不安全设备,手代替工具操作,物体存放不当,冒险进入危险场所,违反操作规定,分散注意力,忽视劳动防护用品、用具的使用,不安全装束等。

(2)间接事故原因。技术和设计上有缺陷;工业构件、建筑物、机械设备、仪器仪表、工艺过程、操作方法、维修检验等的设计、施工和材料使用存在问题；教育培训不够或未经培训，缺乏或不懂安全操作技术知识；劳动组织不合理，对现场工作缺乏检查或指导错误；安全操作规程缺乏或不健全；没有或不认真落实事故防范措施，对事故隐患整改不力等。

（3）其他原因。制造缺陷、化学腐蚀、管理缺陷、纪律松弛等因素也可能引发事故，尤其是那些常见多发事故，主要是违章作业、维护不周、操作失误所致。

79. 扑救危险化学品火灾的一般对策是什么？

在化工企业生产过程中和危险化学品运输、仓储、销售、使用和废弃物处置等各个环节，化学物质的原因、气象因素的原因、违章操作的原因等都有可能导致火灾、爆炸事故的发生。

在火灾尚未扩大到不可控制之前，应尽快用灭火器灭火。迅速关闭火灾部位的上下游阀门，切断进入火灾事故地点的一切物料，然后立即启用现有各种消防装备扑灭初期火灾和控制火源。

对周围设施采取保护措施。为防止火灾危及相邻设施，必须及时采取冷却保护措施，并迅速疏散受火势威胁的物资。有的火灾可能造成易燃液体外流，这时可用沙袋或其他材料筑堤拦截流淌的液体或挖沟导流，将物料导向安全地点。必要时用毛毡、湿草帘堵住下水井、窨井口等处，防止火焰蔓延。

扑救危险化学品火灾绝不可盲目行动，应针对每一类化学品，选择正确的灭火剂和灭火方法。必要时采取堵漏或隔离措施，预防次生灾害。当火势被控制以后，仍然要派人监护，清理现场，消灭余火。

第**7**章
机械制造意外
伤害与应急处置

80. 机械设备的主要危害因素是什么？

机械制造行业是各种工业的基础，涉及范围广泛，从业人员数量庞大。机械制造包括铸造、锻造、热处理、机械加工和装配等工艺，这些工艺操作中存在着各种职业病危害因素，同时也存在着各种机械设备的危害。

机械设备是各行业机械加工的基础设备，主要有金属切削机床、锻压机械、冲剪压机械、起重机械、铸造机械、木工机械等。

机械设备在正常工作中，以及在运输、安装、调整、维修、拆卸和处理时，都存在着危险与有害因素，有可能对操作人员造成伤害。

（1）正常工作状态存在的危险。机械设备在完成预定功能的正常工作状态下，存在着执行预定功能所必须具备的运动要素，并可能产生危害。例如，正常工作状态下，零部件的相对运动、刀具的旋转、机械运转的噪声和振动等，使机械设备存在碰撞、切割、作业环境恶化等对操作人员安全不利的危险因素。

（2）非正常工作状态存在的危险。非正常工作状态包括故障状态和维修保养状态。设备故障不仅可能造成局部或整机停转，还可能对操作人员的安全构成威胁。例如，运转中的砂轮片破损会导致砂轮飞出造成物体打击事故，电气开关故障会产生机械设备不能停机的危险。机械设备的维修保养一般都是在停机状态下进行的，由于检修的需要，检修人员往往采用一些特殊的做法，如攀高、进入狭小或几乎密闭的空间，将安全装置拆除等，使维护和修理过程容易出现正常操作不存在的危险。

81. 机械设备的主要危害有哪些?

（1）机械性危害。机械性危害主要包括挤压、碾压、剪切、切割、碰撞或跌落、缠绕或卷入、戳扎或刺伤、摩擦或磨损、物体打击、高压流体喷射等。

（2）非机械性危害。非机械性危害主要包括电流、高温、高压、噪声、振动、电磁辐射等产生的危害，因加工、使用各种危险材料和物质（如燃烧爆炸、毒物、腐蚀品、粉尘及微生物、细菌、病毒等）产生的危害，还包括因忽略安全人机工程学原理而产生的危害等。

82. 机械设备的事故特点与产生原因是什么?

机械伤害是机械制造作业中最常见的事故类别，伤害类型多以夹挤、碾压、卷入、剪切等为主。各类机械设备的旋转部件和成切线运动的部件间、对向旋转部件的咬合处、旋转部件和固定部件的咬合处等，都可能成为致人受伤的危险部位。据我国安全生产部门统计，近年来，夹挤、碾压类事故占机械伤害事故的一半左右。因此，注重此类工伤事故的特点，做好工伤预防，是一项不容忽视的重要工作。造成机械伤害事故的原因主要如下：

（1）违章操作。在我国，大量的机械设备属于传统的机械化、半机械化控制的人机系统，没有在本质安全上做到尽善尽美，因此需要在定位、固定、隔离等控制环节上进行弥补，通过设置醒目的警示标识和严格的安全操作规程加以完善。但在不少机械类企业，人员有章不循、违章作业仍非常突出，违章造成的夹挤、碾压类伤害时有发生，成为企业必须下大气力着重解决的安全问题。

疲劳作业很危险，补足精神再作业。

（2）体力与脑力疲劳造成辨识错误。长期持久的体力与脑力劳动、单调乏味的工作、嘈杂的工作环境、凌乱的工作布局、不良的精神因素等，都容易使操作人员产生疲劳、厌烦的感觉，此时，辨识错误就会出现，带来误操作、误动作，造成伤害事故。

（3）机械化代替手工作业。机械化代替手工作业是生产力进步的标志。在这一过程中，操作人员由于要熟悉新的工作环境和新的机械操作方法，精神往往比较紧张，心理上承受的工作压力明显大于以前手工熟悉状态下的工作压力，不免操之过急，加上注意力过分集中，极易产生焦虑和烦躁情绪，使手、脑配合出现不协调，导致伤害事故发生。

（4）安装、调试设备。机械设备往往要经历安装调试期、正常生产期和老化磨损期。相对来说，正常生产期的设备故障率较低，而安装调试期与老化磨损期的设备故障率相对较高，因为这时机械设备的安全装置处于暂时的"失效"状态，甚至"失效的安全装置"也不会起作用。由于调试的需要，无法断电、断气、断水，用于防止接触机械危险部件的固定安全装置已被打开，起不到保护作用，稍有不慎，维修人员就会被"咬"。另外，维修调试时往往需要两人以上互相配合，极易出现配合失误，如误合闸、误开机、误动作等，造成伤害事故。

83. 金属切削机床的危险因素有哪些？

金属切削机床（简称"机床"）是用切削的方法将金属毛坯加工成具有一定几何形状、尺寸精度和表面质量的机器零件的机器。在机床上装卡被加工工件和切削刀具，工件和刀具进行相对运动，刀具从工件表面切去多余的金属层，使工件成为符合预定技术要求的机器零件。

金属切削加工是用刀具从金属材料上切除多余的金属层，其过程实际就是切屑形成的过程。切屑可能对操作人员造成伤害，或对工件造成损坏。例如，崩碎的切屑可能迸溅伤人；带状切屑会连绵不断地缠绕在工件上，损坏已加工的表面。

金属切削主要的危险因素如下：机械传动部件外露时，无可靠有效的防护装置；机床执行部件，如装夹工具、夹具或卡具脱落、松动；机床本体的旋转部件有凸起的销、楔、键；加工超长工件时，部分工件伸出机床尾端；工、卡、刀具放置不当；机床的电气部件设置不规范或出现故障等。

84. 金属切削加工常见机械伤害有哪些？

（1）挤压。例如，压力机的冲头下落时，可能对手部造成挤压伤害；人手也可能在螺旋输送机、塑料注射成型机中受到挤压伤害。

（2）咬入（咬合）。典型的咬入点有啮合的齿轮、传送带与带轮、链与链轮、两个向相反方向转动的轧辊。

（3）碰撞和撞击。一种是人受到运动着的刨床部件的碰撞，另一种是飞来物撞击造成的伤害。

（4）剪切。这种事故常发生在剪板机、切纸机上。

（5）卡住或缠住。运动部件上的凸起物、传动带接头、车床的转轴、加工件等都能将人的手套、衣袖、头发、辫子甚至工作服口袋中擦拭机械用的棉纱缠住而造成人员严重伤害。需要注意的是，一种机械可能同时存在几种危险，即可同时造成几种形式的伤害。

85. 操作机械发生事故的原因有哪些？

（1）机械设备安全设施缺损，如机械传动部位无防护罩等。造成这种情况，可能是因为无专人负责保养，也可能是因为无定期检查、检修、保养制度。

（2）生产过程中防护不周。例如，车床加工较长的棒料时，未用托架。

（3）设备位置布置不当。设备布置得太挤，造成通道狭窄；原材料乱堆乱放，阻塞通道。

（4）未正确使用劳动防护用品。

（5）没有严格执行安全操作规程，或者安全操作规程不全面完整。

（6）操作人员没有接受安全教育，不懂安全基本知识。

要杜绝这些隐患，光靠安全管理是不行的，操作人员还必须掌握一定的安全技术知识。

86. 金属切削机械的安全技术要求有哪些？

金属切削机械设备很多，如车床、刨床、铣床、镗床等，它们一般都具有操纵装置、传动装置、保险装置、照明装置。这些部位都应有明确的安全技术要求，如不符合安全技术要求应立即整改。

（1）操纵机构的安全技术要求。金属切削机床的操纵盘、开关、手柄等应装在适当的位置，便于操作。变速箱、换向机构应有明显的挡位和标志牌；开关、按钮应用不同的颜色，如停车用红色，开车用绿色，倒车用黑色；须装有性能良好的制动装置。

（2）保险装置的安全技术要求。保险装置是指突然发生险情时，能自动消除危险因素的安全装置。如机床超负荷时，能自动断开机床传动部分的离合器；当人员操作时身体或手进入危险部位时，能自动切断电源、停止机床运转的光电自动保护装置等。在使用机床时，应先检查这些装置的性能是否良好。

（3）传动装置的安全技术要求。传动部位的防护装置，目前在我国定型的新机床的设计与制造中，都已作为机床的一个整体产品出厂。但一些企业在设备安装过程中，尤其是在修理设备之后，往往将安全防护装置弃之不用。有些企业自制的"土"设备不安装防护装置，造成齿轮、传动带、传动轴等外露伤人。为此，有些单位总结出"有轮必有罩，有轴必有套"的安全生产经验。一定要牢记那些血的教训，严格按安全操作规程办，严禁使用安全防护装置缺损的机床设备。

（4）照明装置的安全技术要求。照明装置在机床操作中似乎可有可无，其实不然。如果照明不够，操作人员就会弯腰将脸凑近加工件细看，这就容易造成工件、刀具将操作人员面部划伤的工伤事故。对此，机床上必须安装 36 伏以下的局部照明灯。

（5）金属切屑时的防护。机床在高速切削时所形成的金属屑很锋利，经常伤害操作人员的眼睛和其他裸露部位；带状缠屑有时缠在工件、刀具、手柄等部位，操作人员在清理时往往发生工伤事故。要消除这类事故隐患，可根据不同情况采用不同的方法。目前使用较多的有不重磨硬质合金钢刀片机械夹固法。对于飞溅的金属碎屑，除了操作人员在操作时必须戴好防护镜外，还需安装防护罩，防止金属切屑飞溅。

（6）正确使用劳动防护用品。机床运行时，操作人员不准戴手套；女工必须将长发罩入工作帽内；必须戴好防护眼镜；工作服的纽扣要扣上，下摆要紧，袖口要扎牢或戴好袖套。

87. 机械加工的职业病危害因素有哪些?

机械加工过程涉及铸造、锻压、热处理等环节,这些加工环节存在的危害因素有时并不像化工、建材等企业严重,但是如果不注意防范,同样可能造成伤害。

(1)铸造环节危害因素。铸造可分为手工造型和机械造型两大类。手工造型是指用手工完成紧砂、起模、修整及合箱等主要操作的过程,其劳动强度大,操作人员直接接触粉尘、化学毒物和物理因素,职业危害大。机械造型生产率高,质量稳定,劳动强度低,操作人员接触粉尘、化学毒物和物理因素的机会少,职业危害相对较小。

1)粉尘危害。造型、铸件落砂与清理时会产生大量的砂尘,其中粉尘性质及危害大小主要决定于型砂的种类。例如,选用石英砂造型时,因游离二氧化硅含量高,其危害最大。

铸造环节危害因素

锻压环节危害因素

热处理环节危害因素

机械加工环节危害因素

2）毒物与物理因素危害。砂型与砂芯的烘干，以及熔炼、浇注会产生高温与热辐射；如果采用煤或煤气作燃料，还会产生一氧化碳、二氧化硫和氢氧化物等；如果采用高频感应炉或微波炉加热，则存在高频电磁场和微波辐射。

（2）锻压环节危害因素。锻压是对坯料施加外力，使坯料产生部分或全部的塑性变形，从而获得锻件的加工方法。

1）物理因素危害。噪声是锻压工序中危害最大的职业病危害因素。锻锤（空气锤和压力锤）可产生强烈噪声和振动，一般为脉冲式噪声，其强度超过 100 分贝。冲床、剪床也可产生高强度噪声，但其强度一般比锻锤小。加热炉温度高达 1 200 ℃，锻件温度也在 500~800 ℃，存在高温与较强的热辐射等物理性危害因素。

2）粉尘与毒物危害。锻造炉、锻锤工序中加料、出炉、锻造过程可产生金属粉尘、煤尘等，尤以燃料工业窑炉污染较为严重。燃料工业窑炉可产生一氧化碳、二氧化硫、氮氧化物等有害气体。

（3）热处理环节危害因素。热处理工艺主要是在不改变金属零件外形的条件下，改变金属的性质（硬度、韧度、弹性、导电性等），达到工艺上所要求的性能。热处理包括正火、淬火、退火、回火和渗碳等基本过程，一般可分普通热处理、表面热处理（包括表面淬火和化学热处理）和特殊热处理等。

1）有毒气体。金属零件的正火、退火、渗碳、淬火等热处理工序要用品种繁多的辅助材料，如酸、碱、金属盐等。这些辅料都是具有强烈的腐蚀性和毒性的物质。例如，氯化钡作加热介质，工艺温度达 1 300 ℃时，氯化钡大量蒸发，产生氯化钡烟尘污染车间空气；氯化工艺过程中有大量氨气排放；在渗碳、氰化等工艺过程使用的氰化盐（亚铁氰化钾等）毒性很大；盐浴炉中熔融的硝盐与工件的油污作用产生氮氧化物等。此外，热处理过程经常使用甲醇、乙醇、丙烷、丙酮及汽油等有机溶剂。

2）物理因素危害。热处理工序都是在高温下进行的，车间内各种加热炉、盐浴槽和被加热的工件都是热源。这些热源可造成高温与强热辐射的工作环境。各种电动机、风机、工业泵和机械运转设备均可产生噪声与振动。但多数热处理车间噪声强度不大，噪声超标现象较少见。

（4）机械加工环节危害因素。机械加工是利用各种机床对金属零件进行车、刨、钻、磨、铣等冷加工。在机械制造过程中，机械加工通常是通过铸、锻、焊、冲压等方法制造成金属零件的毛坯，然后再通过切削加工制成合格零件，最后装配成整机。

一般机械加工在生产过程中存在的职业病危害因素相对较少，主要是金属切削中使用的乳化液和切削液对操作人员的影响。通常所用的乳化液是由矿物油、萘酸或油酸及碱（苛性钠）等所组成的乳剂。因机床高速运转，乳化液四溅，易污染皮肤，可引起毛囊炎或粉刺等皮肤病。

在机械加工的粗磨和精磨过程中，会产生大量金属和矿物性粉尘。人造磨石多以金刚砂（三氧化二铝晶体）为主，其中二氧化硅含量较少；天然磨石含有大量游离二氧化硅，可能导致铝尘肺和矽肺。

特种机械加工的职业病危害因素与加工工艺有关。例如，电火花加工存在金属烟尘；激光加工存在高温和紫外线辐射；电子束加工存在射线和金属烟尘；离子束加工存在金属烟尘、紫外线辐射和高频电磁辐射，如果使用钨电极，还有电离辐射危害等；电解加工、液体喷射加工和超声波加工相对危害较小。此外，设备运转会产生噪声与振动。

88. 机械加工中的职业病危害因素防护措施有哪些？

机械制造业职业病危害主要集中在铸造生产过程中的矽尘危害、涂装生产过程中的苯及同系物等有机溶剂危害，以及电焊作业中的电焊（烟）尘危害。为此，机械制造业的职业病危害防护应从以下方面综合考虑：

（1）合理布局。在车间布局上，要考虑减少职业病危害交叉污染。例如，铸造工序中的熔炼炉应放在室外或远离人员集中的公共场所；铆工和电焊、喷（涂）漆工序应分开布置。

（2）防尘。铸造应尽量选用游离二氧化硅含量低的型砂，并减少手工造型和清砂作业。清砂是铸造生产中粉尘浓度最高的岗位，应予以重点防护，如安装大功率的通风除尘系统，实行喷雾湿式作业，以降低工作场所空气中的粉尘浓度。做好个人防护，佩戴符合国家相关标准要求的防尘口罩。

（3）防毒及应急。对热处理和金属熔炼过程中可能产生化学毒物的设备，应采取密闭措施或安装局部通风排毒装置。对产生高浓度一氧化碳、氰化氢、甲醛等剧毒气体的工作场所，如某些特殊的淬火、涂装和使用胶黏剂岗位，应制定急性职业中毒事故应急救援预案，设置警示标识，配备防毒面具或防毒口罩等。

（4）噪声控制。噪声是机械制造企业中重要的职业病危害之一。噪声控制主要包括对铸造、锻造中的气锤、空压机，以及机械加工的打磨、抛光、冲压、剪板、切割等高强度噪声设备的治理。对高强度噪声源可集中布置，并设置隔声屏蔽。空气动力性噪声源应在进气或排气口进行消声处理。对集控室和岗位操作室，应采取隔声和吸声处理。进入噪声强度超过85分贝的工作场所应佩戴防噪声耳塞或耳罩。

（5）振动控制。振动是机械制造企业中较为常见的职业病危害因素。对铆接、锻压、型砂捣固、落砂、清砂等振动设备，应采取减振措施或实行轮岗操作。

（6）射频防护。应选择合适的屏蔽防护材料，对产生高频、微波等射频辐射的设备进行屏蔽，或者进行距离防护和时间控制。

（7）防暑降温。应做好铸造、锻造、热处理等高温作业人员的防暑降温工作。宜采取工程技术、卫生保健和劳动组织管理等多方面的综合措施,如合理布置热源、供应清凉含盐饮料、轮换作业、在集控室和操作室安装空调等。

89. 机械伤害的应急处置与救治措施有哪些?

机械制造企业最为常见的事故是机械伤害,发生人员伤害后,一定要沉着冷静,不要慌乱。

（1）发生事故后的应急处置与救治。伤害事故发生后,要立即停止现场活动,将伤员放置于平坦的地方,现场有救护经验的人员应立即对伤员的伤势进行检查,然后有针对性地进行紧急救护。

在进行上述现场处理后,应根据伤员的伤情和现场条件迅速转送伤员。转送伤员非常重要,如果搬运不当,可能使伤情加重,

严重时还可能造成神经、血管损伤甚至瘫痪，以后将难以治愈，并给伤员带来终身的痛苦，所以转送伤员时要十分注意。如果伤员伤势不重，可采用背、抱、扶的方法将伤员运走。如果伤员伤势较重，有大腿或脊柱骨折、大出血或休克等情况时，就不能用以上方法转送伤员，一定要把伤员小心地放在担架或木板上抬送。把伤员放置在担架上转送时动作要平稳，上、下坡或楼梯时，担架要保持平衡，不能一头高、一头低。伤员应头在后，这样便于观察伤员情况。当事故现场没有担架时，可以用椅子、长凳、衣服、竹子、绳子、被单、门板等制成简易担架使用。对于脊柱骨折的伤员，一定要用硬木板做的担架抬送。将伤员放在担架上以后，要让其平卧，腰部垫一个衣服垫，然后把伤员固定在木板上，以免伤员在转送的过程中滚动或跌落，造成脊柱移位或扭转，刺激血管和神经，导致下肢瘫痪。

现场应急总指挥应立即联系救护中心，要求紧急救护并向上级报告，保护事故现场。

（2）现场创伤止血的应急救护。当伤员一次出血量达全身血量的1/3以上时，生命就有危险。因此，及时止血是非常重要的。可用现场物品如毛巾、纱布、工作服等立即采取止血措施。如果创伤部位有异物但不在重要器官附近，可以拔出异物，处理好伤口；如无把握就不要随便将异物拔掉，应由医务人员来检查、处理，以免伤及内脏及较大血管，造成大出血。

（3）现场骨折的应急救护。对骨折处理的基本原则是尽量不让骨折肢体活动。因此，要利用一切可利用的条件，及时、正确地对骨折部位做好临时固定，其目的是避免骨折断端在搬运时损伤周围的血管、神经、肌肉或内脏；减轻疼痛，防止休克；便于运送到医院进行彻底治疗。临时固定的材料有夹板和敷料，夹板以木板最好，紧急情况下也可用木棍、竹篾等代替；敷料为棉花、纱布或毛巾，用作夹板的衬垫。缠夹板可用绷带、三角巾或绳子。

若上肢骨折，应将上肢挪到胸前，固定在躯干上；若下肢骨折，最好将两下肢固定在一起，且应超过骨折的上下关节，或将断肢捆绑、固定在担架、门板上；脊骨骨折时，不需要做任何固定，但搬运方法十分重要，搬运时最好用担架、门板等，也可用木棍和衣服、毯子等做成简易担架，让伤员仰躺。无担架、木板需众人用手搬运时，救护人员必须有一人双手托住伤员腰部，切不可单独一人用拉、拽的方法抢救伤员。如果操作不当，即使是单纯的骨折，也可导致继发性脊髓损伤，造成瘫痪；对已有脊髓损伤的伤员，会增加损伤程度，尤其是高位的脊柱骨折，如果搬运不当，甚至可能立即致命。

在抢救伤员时，不论哪种情况，都应减少途中的颠簸，也不得随意翻动伤员。

90. 发生起重伤害的原因、主要形式及应急处置有哪些？

机械制造和机械加工企业离不开起重机械，起重机械承担着加工材料、半成品、成品以及机械设备的吊运等工作，如果没有起重机械，也就没有现代化的机械制造业。

（1）造成起重伤害事故的原因如下：

1）挂吊人员未严格遵守起重作业安全规程，违章作业、冒险作业。

2）安全装置不完善，行车机械、电气故障频繁。

3）行车司机操作技能欠佳，责任心不强，注意力不集中。

4）指挥信号不标准，上下配合不协调。

5）工作前未对行车及吊具进行安全检查。

6）料场库存量严重超量，堆码不齐，堆码超高。

7）包装不牢固。

除此之外，还有误操作、起重机等之间的相互碰撞、安全装置失效以及野蛮操作等原因导致的事故。

（2）起重伤害主要形式如下：

1）吊重、吊具等重物从空中坠落造成的人身伤亡和设备毁坏事故。

2）作业人员被挤压在两个物体之间造成的挤伤、压伤、击伤等人身伤害事故。

3）从事起重机检修、维护的作业人员不慎从机体摔下或被正在运转的起重机机体撞击摔落至地面的坠落事故。

4）从事起重机械操作人员或检修、维护人员因触电而造成的电击伤亡事故。

5）起重机机体因失去整体稳定性而发生倾翻事故，造成起重机机体严重损坏以及人员伤亡的机毁事故。

（3）起重伤害发生后的应急处置如下：

1）发现有人受伤后，必须立即停止起重作业，向周围人员呼救，同时通知现场急救中心，及时拨打"120"等急救电话。报警时，应说明伤员的受伤部位和受伤情况、发生事故的区域或场所，以便救护人员事先做好急救的准备。

2）组织进行急救的同时，应立即上报项目安全生产应急领导小组，启动应急预案和现场处置方案，最大限度地减少人员伤害和财产损失。

3）现场医务人员采取现场包扎、止血等措施，防止伤员流血过多造成死亡事故。对创伤出血者，迅速包扎止血，送往医院救治。

4）发生断手、断指等严重情况时，对伤员伤口要进行包扎、止血、止痛，进行半握拳状的功能固定。对断手、断指应用消毒或清洁敷料包扎，忌将断指浸入酒精等消毒液中，以防细胞变质。将包好的断手、断指放在无泄漏的塑料袋内，扎紧袋口，在袋周围放好冰块，或用冰棍代替，速随伤员送医院抢救。

5）伤员出现肢体骨折时，应尽量保持受伤的体位，由现场医务人员对伤肢进行固定，并在其指导下采用正确的方式进行抬运，防止因救助方法不当导致伤情进一步加重。

6）伤员出现呼吸、心跳停止症状后，必须立即进行胸外心脏按压或人工呼吸。

7）在做好事故紧急救助的同时，应注意保护事故现场，对相关信息和证据进行收集和整理，配合上级和当地政府部门做好事故调查工作。